本书由国家蜂产业技术体系东营综合试验站提供资助

如何办好一家
中蜂牧场

◎薛月光　孙晓荣　李培培　纪海旺　主编

中国农业科学技术出版社

图书在版编目（CIP）数据

如何办好一家中蜂牧场 / 薛月光等主编 . -- 北京：
中国农业科学技术出版社，2024. 9. -- ISBN 978-7-
5116-7027-4

Ⅰ . S894

中国国家版本馆 CIP 数据核字第 20244TC362 号

责任编辑　张国锋
责任校对　李向荣
责任印制　姜义伟　王思文

出 版 者　中国农业科学技术出版社
　　　　　北京市中关村南大街 12 号　邮编：100081
电　　话　（010）82109705（编辑室）（010）82106624（发行部）
　　　　　（010）82109709（读者服务部）
网　　址　https://castp.caas.cn
经 销 者　各地新华书店
印 刷 者　北京地大彩印有限公司
开　　本　148 mm×210 mm　1/32
印　　张　8
字　　数　220 千字
版　　次　2024 年 9 月第 1 版　2024 年 9 月第 1 次印刷
定　　价　48.00 元

《如何办好一家中蜂牧场》

编者名单

主　　编	薛月光	孙晓荣	李培培	纪海旺	
副主编	庄桂玉	张珍珍	宋　杰	张兴波	庄　琳
参编人员	王　帅	薛月光	孙晓荣	李培培	纪海旺
	庄桂玉	张珍珍	宋　杰	张兴波	庄　琳
	宋心仿	于艳霞	高　博	董　艳	刘淑敏
	刘治生	付洪良	王建英		
顾　问	宋心仿				

前 言
preface

　　蜜蜂与人类的关系至少有 9000 多年的历史，蜜蜂不仅给人类带来了蜂蜜、蜂王浆、蜂胶和蜂花粉等营养食品，而且在提高农作物产量、维持自然界生态平衡方面发挥着十分重要的作用。

　　中华蜜蜂简称中蜂，是我国独有的优良蜂种。千百年来，中华蜜蜂以其独特的生物学特性和生存方式繁衍至今，具有能够有效利用零星蜜源、采集力强、饲料消耗少等特点，特别适合山区、半山区定地结合小转地饲养。近年来，随着我国生态环境质量向好，蜜源植物越来越丰富，山区的野生中蜂及其饲养者越来越多，养蜂者对中蜂养殖技术的需求也越来越强烈。养蜂利国利民，有百益而无一害，值得大力提倡，但养蜂是一门涉及面广，系统性、知识性、实践性强而较难掌握的技能，首先要将蜂群养好，这就需要了解蜂群生活的基本规律；其次要掌握气候变化规律及蜜源植物的开花流蜜规律，才能取得蜂产品的高产；再次要了解各种蜂产品的生产技巧及初加工、贮存知识，使蜂产品保持最佳的质量及价值。为此，作者结合自己在养蜂技术推广过程中遇到的难题和初学养蜂者的技术需求编写了本书，目的在于将养蜂生产过程中遇到的可操作性强的技术过程以图文形式详细地展现给广大养蜂者，使其能够在短时期内熟练操作并将所学技术应用到养蜂生产过程中。

　　本书以图文结合的形式详细介绍了我国中蜂的资源、生物学特性、饲养设备和工具、传统饲养方法、活框饲养的基本操作技术、不同时期的饲养管理技术及主要病敌害的防治技术等。本书图文并茂，文字通俗易懂，内容科学实用、可操作性强，适合广大中蜂养殖者阅读使用。既可作为初学养蜂者的敲门之砖，也可以作为有经验的养蜂者及科研人员的参考书。因作者水平有限，其中的不足及疏漏在所难免，望广大读者不吝赐教，不胜感激！

编　者

2024 年 7 月

目 录
contents

第一章 发展养蜂业的重要意义

养蜂业隶属于大农业范畴,在农业大经济中所占的比重并不大,但对农业乃至人类社会、大自然的影响都不容忽视。养蜂业的重要性主要体现在以下 3 个方面。

一、养蜂的经济效益

1. 具有成本低、投入少、见效快、收益高的特点

春季如果购买一箱中蜂,价格在 400 ~ 800 元,当年即可投入生产,生产中后期投入不多;到年尾,每箱蜂的年收益在数百元,再加上当年繁殖新蜂群的收益,就能收回买蜂成本及盈利。如果是在山区养蜂,可收捕野生中华中蜂作种群,则初期投入更少,只要准备几个蜂箱和必要的蜂具即可,进一步降低了成本。因此,养蜂也是养殖专业户快速脱贫致富的重要方法之一。

2. 可专业经营,也可副业养殖,灵活性强

如果你是初学者或者农活多,可在家居周围少量饲养几群到十几群,利用业余时间饲养中蜂以贴补家用;而当你具备了较高的养蜂技能和丰富的养蜂实践经验后,也可专业从事中蜂饲养而获得更高的经济收益。

3. 不与其他行业冲突

养蜂不需要特定的厂房设施,不占用耕地,不需要灌溉用水和肥料农药等农资,不与种植业和其他养殖业生产争夺资源,也不会与其他家庭经济行业存在冲突,可以说有很多好处。

4. 无污染无排放,对环境有益无害

养蜂没有一般家禽家畜饲养业存在的粪便尿液污染问题,卫生安全,绿色环保。

二、养蜂的社会效益

1. 蜂产品营养丰富，有利于人们的身心健康

养蜂业的产品种类繁多，有蜂蜜、蜂花粉、蜂王浆、蜂蜡、蜂胶、蜂毒、蜂蛹、蜂虫体等。

（1）蜂蜜　蜂蜜美味而营养，是世界各地人们钟爱的传统糖类食品。与常见的食用糖类（如蔗糖、甜菜糖、麦芽糖等）相比，蜂蜜不仅更甜，还具有独特香味。由于蜜源植物种类及品种的不同，蜂蜜的成分也不一样，不同种类的蜂蜜口感和香味都不同，使不同喜好的人都能在食用蜂蜜中得到美味的享受。

除直接食用或饮用外，蜂蜜还可以加入肉类、水果、蔬菜、沙拉、面包、蜜饯、糕点等食品中，显著改善这些食品的色香味和营养价值。例如，如果使用蜂蜜取代食糖来制作面包，烤出的面包鲜亮、香甜滋润口感好，不易脱水渣化，保质期更长；用蜂蜜制作的水果拼盘或蔬菜沙拉，营养丰富而清新爽口回味悠长；水果榨汁兑蜂蜜制成的饮料，清甜润喉而消夏解暑；蜂蜜调制的熏肉及串烧更加鲜嫩香美等。

更重要的是，蜂蜜是绿色安全的纯天然糖类，不需要经过工业加工即可直接食用，减少了在加工过程中受到化学有毒物质污染的可能，对人体无任何副作用，可以放心食用。

从营养角度看，蜂蜜比常用的食用糖（蔗糖、甜菜糖、方糖、冰糖、红糖等）更加营养。第一，蜂蜜能更快被人体吸收利用。因为蜂蜜的主要成分是葡萄糖和果糖，占 $65\% \sim 80\%$（蔗糖含量仅在 $5\% \sim 8\%$），葡萄糖和果糖可以被人体细胞组织直接利用；而一般的食用糖属于双糖，须经过人体肠胃消化分解成单糖，最后才能被细胞组织利用。第二，蜂蜜的产热量很高，接近于蔗糖的产热量（分别为 13.71kJ/g 和 16.98kJ/g），能为人体提供充足的生命活动及新陈代谢能量。第三，除营养价值外，蜂蜜还具有一定的药用价值。蜂蜜中含有少量的氨基酸、维生素、酶、有机酸、矿物质和芳香物质等，这些物质对改善人体功能，增高人体红细胞数量及血红蛋白含量，调节

人体新陈代谢和提高人体免疫力有益，因而对某些慢性疾病有一定的疗效。常服蜂蜜对于心脏病、高血压、肺病、眼病、肝病、痢疾、贫血、神经系统疾病等都有良好的辅助治疗作用。第四，蜂蜜是单糖的过饱和溶液，其具有的高渗透压使有害微生物很难在其中生存，故而蜂蜜有很强的杀菌作用，对链球菌、葡萄球菌、白喉杆菌等革兰阳性菌有较强的抑制作用，可用于治疗烫伤、烧伤、冻伤、创面伤、溃疡等外伤、内伤，可起到抗菌消炎、减少渗出、减轻疼痛、促进伤口愈合、防止感染、促进组织再生、滋润皮肤等作用。第五，蜂蜜对胃肠功能有调节作用，可使胃酸分泌正常，增强肠蠕动，显著缩短排便时间，治疗结肠炎、习惯性便秘、胃痛、胃烧灼痛及胃十二指肠溃疡等常见消化道疾病，恢复和改善人体消化吸收系统功能。

（2）蜂花粉　中蜂靠采集种子植物的雄性生殖细胞——花粉，来获得生存必需的蛋白质食物。在采集花粉的过程中，中蜂还会吐出少量采集的花蜜来湿润花粉，使花粉粒能彼此黏合成团，以便于集中到后足携带返巢，故而中蜂采集的花粉呈扁平小团状，而不似花朵上的花粉那样呈粉末状。蜂花粉的成分也因中蜂往花粉中注入了花蜜及唾液而与花朵内的花粉略有不同。蜂花粉的成分大致含有蛋白质20%～30%，糖类40%～50%，脂肪5%～10%，矿物质2%～5%，各组分因植物种类的不同而有一定出入。除上述物质外，蜂花粉还富含氨基酸、维生素、核酸、酶、激素和黄酮类化合物等生物活性物质，其有效营养成分在200种以上，具有种类全、含量多、活性高、营养好的特点，被誉为"浓缩全能营养库""全天然营养食品"。蜂花粉的功效包括抗衰老、增强免疫、调节人体功能、疏通心血管、促进造血功能、保护肝脏、养颜美容等，是理想的食疗同源保健食品。

（3）蜂王浆　是工蜂分泌的一种糊状蛋白食物，用于哺喂3日龄内的小幼虫和蜂王。蜂王浆的组分复杂，不同的中蜂品种和日龄、生产季节、蜜粉源植物种类等因素都有所影响，一般为水分64.5%～69.5%，蛋白质11%～14.5%，糖类13%～15%，脂肪6.0%，矿物质0.4%～2%，其他物质2.84%～3.0%。蜂王浆属营养全面、丰富、均衡的保健食品，尤其对改善亚健康人群的身体状况效果明显，对疲劳困乏、关节酸软疼痛、睡眠障碍、记忆力下降、精力不足、食欲减退、注意力分散等不良健康表现有显著调理功效。此外，临床实验证实蜂王浆对人体呼吸系统、消化系统，特别是神经系统、循环系统、内分泌系统的多种疾病有很好的疗效或辅助疗效，是老年人及慢性病患者的福音。

除蜂蜜、蜂花粉及蜂王浆三大产品外，中蜂的产品还包括蜂胶、蜂毒、蜂蛹、蜂王幼虫、蜂蜡等，被广泛应用于食品、医疗、保健、美容等行业。

2. 蜂产品是诸多行业重要的原料

蜂产品除可直接食用外，还可作为工业、农业、医药、化工、航空、电子等行业的重要原料。

3. 中蜂授粉是农业增产的重要保障

养蜂业的最大价值并不在获得各种蜂产品本身所得到的价值，而是体现在为各种农作物授粉而带来的增产作用上。中蜂授粉是各类模式生态平衡的重要环节，任何增产技术措施都无法取代中蜂的授粉作用。在农业生态系统中，昆虫授粉对农作物、果树、园艺、饲草生产以及许多块根和纤维作物的种子生产极为重要，人类食用果树的90%、蔬菜的50%依赖中蜂授粉；全世界80多种主要粮食作物的产量、质量以及世界制药业中许多植物源药物的产量也因中蜂的授粉而得以较大幅度地提高。因此，以中蜂为主的授粉昆虫在世界粮食安全中作出了巨大的贡献。在美国，每年租用200万群中蜂为农作物授粉所创造的价值约为200亿美元，是蜂产品本身价值的100多倍；欧洲科学家研究表明，全球范围内中蜂和其他昆虫的授粉经济价值大约为2500亿美元。很多依赖昆虫授粉的作物都属于高价值作物，其每吨平均价值为761欧元，高于那些不依靠昆虫授粉的作物610欧元；中国科学家试验证实，中蜂授粉能使西瓜增产15%，棉花增产38%，柑橘增产60%，油菜增产40%，草莓增产76%，向日葵增产20%～64%，苹果增产30%～60%。除增产效应外，从质量的角度来看，中蜂授粉可以降低果实畸形率，大幅提高瓜果类的质量，由此而产生的经济价值甚至比增产带来的价值还要高。在世界许多国家，农作物质量极为重要，果形好价格就高得多，这种对质量的考虑已经体现在市场份额和市场价格中。此外，温室种植中因基本隔绝了外界昆虫的进入，授粉则几乎完全依赖人工饲养的中蜂，其授粉增产增值的效果更加显著。在耕地日益减少、设施农业发展迅猛的大趋势下，中蜂的这种授粉增产作用更凸显出其重要性，成为农业发展不可或缺的重要组成部分，被誉为"农业之翼"。

三、养蜂的生态效益

中蜂的授粉，对保持整个生物圈生态系统的稳定性及生物多样性均有着重要意义。自然界已知的 37 万种植物中，显花植物占 20 万种，其中的 80% 属虫媒花，需要授粉昆虫将花粉传递至同种其他植株的雌蕊上以完成授精，从而保证植物结出果实或种子。而中蜂类昆虫长期与植物协同进化，身体结构及生活习性已形成与授粉相关的高度特化及适应，成为最主要的"传花媒人"，承担着 80% 的虫媒花类植物的授粉工作。一旦植物的这种授粉机理因缺乏授粉昆虫而受到抑制，植物的繁衍生息将变得困难，随之而来的是以植物为食的动物也将面临食物短缺的困境，人类的生存将失去基础，大自然勃勃生机的万千气象也将不复存在，那将会是一个怎样可怕的景象！这绝非危言耸听，近年来一种未明原因的"蜂群衰竭失调"（CCD）现象在美国、加拿大、法国、德国、瑞典等许多国家和地区蔓延，很多蜂群莫名其妙地消失，中蜂数量锐减，并引发严重的农作物授粉危机。在我国，随着土生土长的中蜂地理分布区域的年年萎缩，不少地区的原有植物种类及其面积出现下降趋势。这些植物以往由中蜂授粉，中蜂消失后，取代中蜂的意蜂又无法为之授粉，使得它们失去了授粉者，无法正常繁殖，种群的消退在所难免。以上事实说明，发展养蜂不仅可以有蜂产品收益，而且还与我们的温饱，与我们的生存，乃至与自然界的进化发展都密不可分，应引起全社会全面和足够的重视。

第二章　认识中蜂

第一节　我国中蜂九大品种

中华蜜蜂简称中蜂，是我国境内东方中蜂的总称，广泛分布于除新疆以外的全国各地，特别是南方的丘陵和山区。我国中蜂分为北方中蜂、华南中蜂、华中中蜂、云贵高原中蜂、长白山中蜂、海南中蜂、阿坝中蜂、滇南中蜂和西藏中蜂9个类型。

一、北方中蜂

北方中蜂是其分布区内的自然蜂种，是在黄河中下游流域、山区生态条件下，经长期自然选择而形成的中华中蜂的一种类型。其中心产区位于北纬32°～42°、东经110°～120°的黄河中下游流域，主要分布于山东、山西、河北、河南、陕西、宁夏、北京、天津等省、市、自治区的山区，四川省北部地区也有分布。

北方中蜂蜂王的体色多为黑色，少数为棕红色；雄蜂的体色为黑色；工蜂的体色以黑色为主，体长11.0～12.0mm。

北方中蜂耐寒性强，分蜂性弱，较为温驯，防盗性强，可维持7框以上蜂量的群势，最大群势可达15框；蜂群的抗巢虫能力较弱，较易感染中蜂囊状幼虫病、欧洲幼虫腐臭病等，患病群群势下降快；蜂王在产卵盛期平均有效产卵量为700余粒，部分蜂王的有效产卵量可达800～900粒，最高可达1030粒。

北方中蜂主要生产蜂蜜、蜂蜡和少量花粉。产蜜量因产地蜜源条件和饲养管理水平而异。转地饲养，年均群产蜂蜜20～35kg，最高可达50kg；定地传统饲养，年均群产蜂蜜4～6kg。

二、华南中蜂

华南中蜂是其分布区内的自然蜂种，是在华南地区生态条件下，经长期自然选择而形成的中华中蜂的一种类型。其中心产区在华南，主要分布于广东、广西、福建、浙江、台湾等省、自治区的沿海山区，以及安徽南部、云南东部等山区。其产区位于云贵高原以东、大庾岭和武夷山脉之南，北回归线横贯中心分布区的大部分地区。

华南中蜂蜂王的体色基本为黑灰色，腹节有灰黄色环带；雄蜂的体色为黑色；工蜂的体色为黄黑相间。

华南中蜂维持群势能力较弱，分蜂性较强，通常 3～5 框即进行分蜂；温驯性中等，受外界刺激时反应较强烈，易蜇人；盗性较强，食物缺乏时易发生互盗；防卫性能中等；易飞逃；嗅觉灵敏，能利用零星蜜源，消耗饲料少；抗中蜂囊状幼虫病和巢虫的能力高于其他类型的中华中蜂；育虫节律较陡，受气候、蜜源等外界条件影响较明显；繁殖高峰期平均日产卵量为 500～700 粒，最高日产卵量为 1200 粒。

华南中蜂的产品只有蜂蜜和少量蜂蜡。年均群产蜜量因饲养方式不同而差异很大。定地传统饲养，年均群产蜂蜜 10～18kg；转地饲养，年均群产蜂蜜 15～30kg。华南中蜂可生产少量蜂蜡（年均群产不足 0.5kg），一般多自用以加工巢础。

三、华中中蜂

华中中蜂是其分布区内的自然蜂种，是在长江中下游流域丘陵、山区生态条件下，经长期自然选择形成的中华中蜂的一种类型。中心分布区为长江中下游流域，主要分布于湖南、湖北、江西、安徽等省及浙江西部、江苏南部，此外，贵州东部、广东北部、广西北部、重庆东部、四川东北部也有分布。产区位于北纬24°～34°、东经108°～119°，即秦岭以南、大庾岭以北、武夷山以西、大巴山以东的长江中下游流域的广大山区。

华中中蜂蜂王的体色一般为黑灰色，少数为棕红色；雄蜂的体色为黑色；工蜂的体色多为黑色，腹节背板有明显的黄环。

华中中蜂通常只生产蜂蜜，不生产蜂王浆，很少生产蜂花粉。传统饲养的蜂群，年均群产蜂蜜 5 ～ 20kg；活框饲养的蜂群，年均群产蜂蜜 20 ～ 40kg。

华中中蜂的群势可维持在 6 ～ 8 框，越冬期群势可维持在 3 ～ 4 框；育虫节律陡，早春进入繁殖期较早；抗寒性能强，树洞、石洞中的野生蜂群，在 –20℃的环境中仍能自然越冬，气温在 0℃以上时，工蜂便可以飞出巢外在空中排泄；抗巢虫能力较差，易受巢虫为害；温驯，易于管理；盗性中等，防盗能力较差；抗干扰能力弱，遇到敌害侵袭或人为干扰时常弃巢而逃，另筑新巢；易感染中蜂囊状幼虫病。

四、云贵高原中蜂

云贵高原中蜂是其分布区内的自然蜂种，是在云贵高原的生态条件下，经长期自然选择而形成的中华中蜂的一种类型。其中心产区在云贵高原，主要分布于贵州西部、云南东部和四川西南部的高海拔区域。

云贵高原中蜂蜂王的体色多为棕红色或黑褐色；雄蜂的体色多为黑色；工蜂的体色偏黑，第 3、4 腹节背板黑色带达 60% ～ 70%。个体大，体长可达 13.0mm。

云贵高原中蜂个体大，抗寒能力强，适应性较广；分蜂性弱，可维持 7 框以上的群势；采集能力强；抗病力较弱，易感染中蜂囊状幼虫病和欧洲幼虫腐臭病；性情较凶暴，盗性较强；产卵力较强，蜂王一般在 2 月开产，日产卵量可达 1000 粒以上。

云贵高原中蜂以产蜜为主，不同地区的蜂群，因管理方式及蜜源条件不同，产量有较大差别。定地结合小转地饲养的蜂群，采油菜、乌桕、秋季山花，年均群产蜂蜜 30kg 左右，最高可达 60kg；定地饲养群以采荞麦、野藿香为主，年均群产蜂蜜约 15kg。

五、长白山中蜂

长白山中蜂俗称野山中蜂，曾称"东北中蜂"。长白山中蜂是其分布区内的自然蜂种，是在长白山生态条件下，经过长期自然选择而形成的中华中蜂的一种类型。中心产区在吉林省长白山区的通化、白山、吉林、延边、长白山保护区及辽宁东部的部分山区。吉林省的长白山中蜂占总群数的85%，辽宁占15%。

长白山中蜂的蜂王个体较大，腹部较长，尾部稍尖，腹节背板为黑色，有的蜂王腹节背板上有棕红色或深棕色环带；雄蜂个体小，体色为黑色，毛为深褐色至黑色；工蜂个体小，体色分2种，黑灰色和黄灰色，各腹节背板前缘均有明显或不明显的黄环，肘脉指数较高，工蜂的前翅外横脉中段有1个分叉突出（又称小突起），这是长白山中蜂的一大特征。

长白山中蜂繁育快，一个蜂群每年可繁殖4～8个新分群；维持强群，生产期最大群势在12框以上，维持子脾5～8张，子脾密实度在90%以上；育虫节律陡，受气候、蜜源条件的影响较大，蜂王有效日产卵量可达960粒左右；抗寒，在–40～–20℃的低温环境中不包装或简单包装便能在室外安全越冬；采集力强；抗逆性强；性情温驯。

长白山中蜂主要生产蜂蜜。传统方式饲养的蜂群每年取蜜1次，年均群产蜜10～20kg；活框饲养，年均群产蜜20～40kg，可产蜂蜡0.5～1kg。越冬期达4～6个月，年需越冬饲料5～8kg。

六、海南中蜂

海南中蜂是原产地海南岛的自然蜂种，是在海南岛生态条件下，经过长期自然选择而形成的中华中蜂的一种类型。海南中蜂又有椰林蜂和山地蜂之分，因分布于海南岛而得名。海南中蜂分布于海南岛，全岛多数地区都曾有大量分布，但随着热带高效农业的发展和西方中蜂的引入，海南中蜂的生存条件受到破坏，其分布范围已缩小。现分布在北部的海口、澄迈、定安、文昌，中部山区的琼中、五指山、白沙、屯昌、保亭、陵水，以及临高、儋州、琼海等市、县和垦区农场。其中，椰林蜂主要分布在海拔低于200m的沿海椰林区，集中于海南岛北部的文昌、琼海、万宁和陵水一带沿海。山地蜂主要分布在中部山区，集中在琼中、琼山、乐东和澄迈等地，以五指山脉为主聚集区。

海南中蜂蜂王的体色为黑色；雄蜂的体色为黑色；工蜂的体色为

黄灰色，各腹节背板上有黑色环带。

海南中蜂群势较小，山地蜂为3～4框，椰林蜂为2～3框；山地蜂较温驯，椰林蜂较凶暴；易感染中蜂囊状幼虫病；易受巢虫为害；易发生飞逃。山地蜂的采集力比椰林蜂强；椰林蜂的繁殖力强，产卵圈面积大，分蜂性强，喜欢采粉，采蜜性能差，储蜜少。

海南中蜂的主要产品为蜂蜜和少量花粉。活框饲养的山地蜂年均群产蜂蜜25kg，活框饲养的椰林蜂年均群产蜂蜜15kg。

七、阿坝中蜂

阿坝中蜂是其分布区内的自然蜂种，是在四川盆地向青藏高原隆升过渡地带生态条件下，经过长期自然选择而形成的中华中蜂的一种类型。阿坝中蜂分布在四川西北部的雅砻江流域和大渡河流域的阿坝、甘孜两州，包括大雪山、邛崃山等海拔在2000m以上的高原及山地。原产地为马尔康，中心分布区在马尔康、金川、小金、壤塘、理县、松潘、九寨沟、茂县、黑水、汶川等县，青海东部和甘肃东南部也有分布。

阿坝中蜂蜂王的体色为黑色或棕红色；雄蜂的体色为黑色；工蜂的足及腹节腹板为黄色，小盾片为棕黄色或黑色，第3腹节和第4腹节背板的黄色区很窄，黑色带超过2/3。

阿坝中蜂是中华中蜂中个体较大的一种生态型，维持群势能力较强，最大群势为12框，维持子脾5～8张，子脾密实度50%～65%；耐寒，适宜高海拔的高山峡谷生态环境；繁殖快；抗巢虫能力强，很少发生巢虫为害；飞逃习性弱；分蜂性弱；采集力强；性情温驯。

阿坝中蜂的产品主要是蜂蜜，产量受当地气候、蜜源等自然条件的影响较大，年均群产蜂蜜10～25kg，蜂花粉1kg，蜂蜡0.25～0.5kg。

八、滇南中蜂

滇南中蜂是产区内的自然蜂种，是在横断山脉南麓生态条件下，经过长期自然选择而形成的中华中蜂的一种类型。滇南中蜂主要分布于云南南部的德宏傣族景颇族自治州、西双版纳傣族自治州、红河哈尼族彝族自治州、文山壮族苗族自治州和玉溪市等地。

滇南中蜂蜂王的触角基部、额区、足、腹节腹板为棕色；雄蜂的体色为黑色；工蜂的体色黑黄相间，体长9～11mm。

滇南中蜂耐高温、高湿，对高热和高湿环境适应性强，外界气温在37～42℃时仍能正常产卵。群势小，蜂王的产卵力较弱，盛产期日产卵量为500粒；分蜂性较弱，可维持4～6框的群势。前翅较短，采集半径小，采集半径约为900m。工蜂喙短，采集能力较差。

滇南中蜂主要生产蜂蜜，也生产蜂蜡。传统方式饲养，年均群产蜂蜜5kg；活框饲养，年均群产蜂蜜10kg。

九、西藏中蜂

西藏中蜂是其分布区内的自然蜂种，是在西藏东南部林芝地区和山南地区生态条件下，经过长期自然选择而形成的中华中蜂的一种类型。西藏中蜂主要分布在西藏东南部的雅鲁藏布江河谷，以及察隅河、西洛木河、苏班黑河、卡门河等河谷地带的海拔2000～4000m地区。其中，林芝地区的墨脱、察隅和山南地区的错那等县蜂群较多，是西藏中蜂的中心分布区。云南西北部的迪庆州、怒江州北部也有分布。

西藏中蜂的工蜂体长11～12mm，体色为灰黄色或灰黑色，第3腹节背板常有黄色区，第4腹节背板为黑色，第4～6腹节背板后缘有黄色茸毛带。第5腹节背板狭长，第3腹节背板超过4mm，但小于4.38mm，腹部较细长。

西藏中蜂是一种适应高海拔地区的蜂种，耐寒性强，分蜂性强，迁徙性强，群势较小，采集力较差。

西藏中蜂的生产性能差，蜂蜜产量较低。传统方式饲养，年均群产蜂蜜5～10kg；现代活框饲养，年均群产蜂蜜10～15kg。

第二节　中蜂形态与生活习性

一、中蜂的形态特征

中蜂是为人类制造甜蜜和为植物传授花粉的社会性昆虫，它的个体生长发育包括由卵到成虫的整个过程，划分为卵、幼虫、蛹和成虫4个阶段（图2-1），其形态结构和生活形式各不相同。

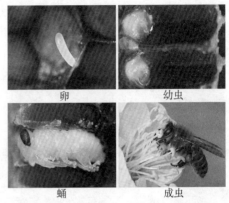

图 2-1　中蜂个体生长发育的 4 个虫态

（一）卵、幼虫和蛹

1. 卵

中蜂的卵呈香蕉状，乳白色，略透明；两端钝圆，一端稍粗是头部，朝向房口；另一端稍细是腹末，表面有黏液，立足巢房底部。从蜂王产卵开始到卵孵化，约持续3d，称为卵期。第3d后，孵出幼虫。

2. 幼虫

从卵孵化到第5次蜕皮结束，称为幼虫期。初孵化的幼虫呈新月形、浅青色，无足，漂浮在巢房底部的食物上。随着生长，体形呈"C"形、环状，白色晶亮，长大后则朝向巢房口发展，1个小头和13个体节明显分化。在正常情况下，工蜂未封盖幼虫期约为5.5d、蜂王幼虫期为5d、雄蜂幼虫期为7d。

3. 蛹

从幼虫化蛹到羽化出房，称为蛹期。中蜂蛹期在封盖巢房内吐丝结茧，组织和器官继续分化和发育，逐渐形成成虫的各种器官。在正常情况下，封盖子期工蜂约为11d、蜂王为8d和雄蜂为13d。

在蛹变成成虫时，蛹壳裂开，咬破巢房，羽化出房，即是我们在外界看到的中蜂。刚羽化的中蜂还须经过数天的再发育，才能长成功能齐全的成年中蜂。

（二）成虫外部形态

中蜂成虫的躯体分为头、胸、腹3部分，由多个体节构成。体表是一层几丁质，构成体形，支撑和保护内脏器官；表面密被绒毛，具有保温护体和黏结花粉的作用，有些还具有感觉功能（图2-2）。

1. 头部

头部是中蜂感觉和取食的中心，表面着生眼、触角和口器（图2-3），里面有腺体、脑和神经节等。头和胸由一个细且具弹性的颈相连。

（1）眼　中蜂的眼有复眼和单眼两种。复眼有1对，位于头部两侧，大而凸出，为暗褐色，有光泽；复眼由许多表面呈正六边形的小眼组成。中蜂复眼视物为嵌像，对快速移动的物体看得清楚，能迅速记住黄、绿、蓝、紫色，对红色是色盲，追击黑色与毛茸茸的东西。单眼有3个，呈倒三角形排列在两复眼之间与头顶上方。单眼为中蜂的第二视觉系统，它对光强度敏感，因此决定了中蜂早出晚归。

（2）触角　触角有1对，着生于颜面中央触角窝，呈膝状，由柄、梗、鞭3节组成，可自由活动，掌管味觉和嗅觉。

1. 头部；2. 胸部；3. 腹部；4. 触角；5. 复眼；
6. 翅；7. 后足；8. 中足；9. 前足；10. 口器

图2-2　外部形态

图2-3　工蜂的头部
（引自 www.ephoto.sk）

（3）口器　中蜂的口器由上唇、上颚和喙等组成，适于吸吮花蜜和嚼食花粉。喙与消化道中的蜜囊（前胃）组成采集和贮存运输花蜜的工具。

2. 胸部

胸部是中蜂运动的中心，由前胸、中胸、后胸和并胸腹节组成。中胸和后胸的背板两侧各有 1 对膜质翅，分别称为前翅和后翅，具有飞行和扇风的作用；前胸、中胸、后胸腹板两侧分别着生前足、中足、后足各 1 对，行使爬行和采集功能。并胸腹节后部突窄形成腹柄而与腹部相连。

（1）翅　中蜂翅有 2 对，前翅大于后翅，膜质、透明。翅上有翅脉，是翅的支架；翅上还有翅毛。前翅后缘有卷褶，后翅前缘有 1 列向上的翅勾。静止时，翅水平向后折叠于身体背面；飞翔时，前翅掠过后翅，前翅卷褶与后翅翅勾搭挂——连锁，以增加飞翔力。

（2）足　中蜂的足分前足、中足和后足，共 3 对，均由基节、转节、股节、胫节和跗节组成（图 2-4）。跗节由 5 个小节组成：基部加长扩展呈长方形的分节称为基跗节，近端部的分节称为前跗节，其端部具有 1 对爪和 1 个中垫，爪用以抓牢表面粗糙的物体，中垫能分泌黏液附着于光滑物体的表面。足的分节有利于中蜂灵活运动。

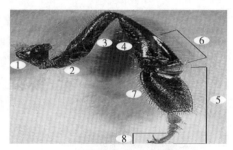

1. 基节；2. 转节；3. 股节；4. 胫节；5. 跗节；
6. 花粉篮；7. 基跗节；8. 前跗节（爪）

图 2-4　工蜂的后足

（引自 www.greensmiths.com）

工蜂后足胫节端部宽扁，外侧表面光滑而略凹陷，周边着生向内弯曲的长刚毛，相对环抱，下部偏中央处独生 1 支长刚毛，形成一个可携带花粉的装置——花粉篮（图 2-5）。工蜂搜集到的花粉粒在此堆集成团，携带回巢。

3. 腹部

中蜂腹部由 1 组环节组成，是内脏活动和生殖的中心，螫针和蜡镜是其附属器官。每一可见的腹节均由 1 片大的背板和 1 片较小的腹板组成，其间由侧膜连接；腹节之间由前向后套叠在一起，前后相邻腹节由节间膜连接起来（图2-6）。

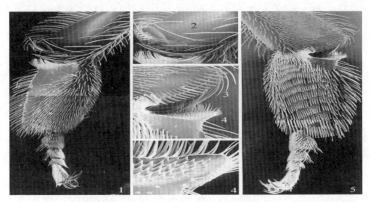

1. 外侧，示花粉篮；2. 刚毛；3. 花粉耙；4. 耳状突；5. 内侧，示花粉梳
图2-5 工蜂后足花粉篮（引自 SnodgrassR.E.，1993）

（1）螫针 螫针是中蜂的自卫器官，位于腹末。中蜂螫人时，螫针与蜂体断开，附着在人的皮肤上继续深入射毒，直到把毒液全部排出为止（图2-7）。失去螫针的工蜂，不久便死亡。

图2-6 腹部

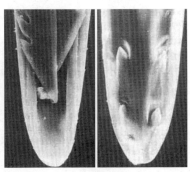

图2-7 螫针的端部
（引自 SnodgrassR.E，1993）

（2）蜡镜 在工蜂的第4～7腹板的前部，各具1对光滑、透明、卵圆形的蜡镜，是承接蜡液凝固成蜡鳞的地方。

二、中蜂的生活习性

中蜂营社会性群体生活，蜂群是其生活和繁殖的基本单位，由蜂王、工蜂和雄蜂 3 种不同职能的个体组成。

1. 群体结构

蜂群是一个超级生命体，由单个生命（中蜂）组成有机群体生命（蜂群），而它们生存所依附的蜂巢也是其生命体的一部分。

一个蜂群通常由 1 只蜂王、千百只雄蜂和数千只乃至数万只工蜂组成（图 2-8）。蜂王是一群之母，其他所有个体都是它的儿女。工蜂承担着蜂巢内外的一切工作，但它们不能传宗接代；蜂群中的工蜂既有同母同父姐妹，也有同母异父的姐妹，它们分别继承了蜂王与各自父亲的遗传特性。雄蜂与处女蜂王交配、传宗接代，但不采集食物，蜂群中所有的雄蜂都是亲兄弟，它们继承了蜂王的基因特性。

| 蜂王 | 雄蜂 | 工蜂 |

图 2-8　中蜂的一家（引自 www.dkimages.com）

2. 个体

（1）蜂王　是由受精卵生成的生殖器官发育完全的雌蜂，具二倍染色体，在蜂群中专司产卵，是中蜂品种种性的载体，以其分泌蜂王物质和产卵量来控制蜂群。蜂王羽化出来后的第 5～9d 交配，交配 2～3d 后开始产卵，1 房 1 卵，在工蜂房和王台中产受精卵，在雄蜂房中产无精卵，在蜜源充足时，1 只优良的中蜂王每昼夜可产卵 900 粒。蜂王的寿命在自然情况下为 3～5 年，其产卵最盛期是头 1～1.5 年。在养蜂生产中，中蜂蜂王应年年更换。

（2）工蜂　是由受精卵长成的生殖器官发育不完全的雌蜂，不交配，具二倍染色体，有执行巢内外工作的器官。一个具备优良蜂王的中蜂群可拥有 4 万只工蜂，它们担负着蜂群内外的主要工作，并按日龄分工协作，正常情况下不产卵。工蜂的寿命在 3 月平均为 35d 左右，6 月约为 30d，在越冬期达到 180d 或更长。造成工蜂寿命差异的主要因素是培育幼虫和采集食物的劳动强度、温度高低及花粉的丰歉等。

在正常情况下，强群的工蜂无论在任何季节都比弱群的工蜂寿命长，就是说在相同季节和环境条件下，饲料和群势是影响工蜂寿命的关键。

（3）雄蜂 是由无精卵发育而成的中蜂，具单倍染色体。雄蜂的职能是平衡性比关系和寻求与处女蜂王交配，也承载着蜂群的遗传特性。它是季节性中蜂，仅出现在春末和夏季的分蜂季节，其数量每群蜂中数百只不等。雄蜂没有偷盗特性，其寿命最长为 3 ～ 4 个月，平均寿命为 20d 左右，与处女蜂王交配的雄蜂立即死亡。在夏季和冬季食物稀少时，工蜂会赶走雄蜂。

3. 蜂巢

蜂巢是中蜂繁衍生息、贮藏粮食的场所，由工蜂泌蜡筑造的多片与地面垂直、间隔并列的巢脾构成（图 2-9），巢脾上布满巢房。野生中蜂常在树洞、岩洞等黑暗的地方筑巢，人工饲养的中蜂，生活在人们特制的蜂箱内，巢房建筑在活动的巢框中，巢脾大小规格一致。中蜂育虫区的巢脾间距（蜂路）约为 9mm，巢脾厚 23mm，贮蜜区巢脾厚 27mm；在自然状态下，中间的巢脾最大，两侧的逐渐缩小，整个蜂巢形似半球，有利于保温御寒；单片巢脾的中下部为育虫区，上方及两侧为贮粉区，贮粉区以外至边缘为贮蜜区（图 2-10）。从整个蜂巢看，中下部为培育蜂子区，外层为饲料区。

贮蜜房

工蜂房

花粉房

雄蜂房

图 2-9　自然蜂巢（引自 DavidL.Green）　　　　**图 2-10　小中蜂蜂巢**

新巢脾色泽鲜艳，房壁薄，容量大，不容易招来病菌和滋生巢虫，每年春暖花开季节，将中蜂巢脾割除，让中蜂造新巢脾，或将巢箱的巢脾移到继箱贮存蜂蜜，巢箱放巢框供中蜂建造新巢脾繁殖。

4. 个体活动

（1）中蜂个体活动特点　在黑暗的蜂巢中，中蜂利用重力感觉器与地磁力来完成筑巢定位。在来往飞行中，中蜂充分利用视觉和嗅觉的功能，依靠地形、物体与太阳位置等来定位。而在近处则主要根据颜色和气味来寻找巢门位置和食物。在一个狭小的场地住着众多的蜂群，在没有明显标志物时，中蜂也会迷巢，蜂场附近的高压线能影响中蜂的定向。

中蜂的采集半径约为 1.5km。

通过对中蜂给梨树授粉的研究观察发现，中蜂具有在最近植株上采集的特点，如果在远处有更丰富、可口的植物泌蜜、散粉的情况下，有些中蜂也会舍近求远，去采集该植物的花蜜和花粉，但距离蜂巢越远，去采集的中蜂就会越少。一天当中，中蜂飞行的时间与植物泌蜜时间相吻合。

（2）食物的采集与加工　蜂群生活所需要的营养物质，都由中蜂从外界采集物中获得。中蜂出外采集的食物主要有花蜜和花粉等。

①花蜜的采集与酿造。花蜜是植物蜜腺分泌出来的一种甜味液体，是植物招引中蜂和其他昆虫为其异花授粉必不可少的"报酬"。

中蜂工蜂飞向花朵，降落在能够支撑它的任何方便的部位，根据花的芳香和花蕊的指引找到花蜜和花粉，把喙从颏下位置向前伸出，在其达到的范围内把花蜜吮吸干净（图2-11）。有时这个工作需要在飞翔中完成。

花蜜酿造成蜂蜜需要经过两个过程，一要把糖类进行化学转变，二要将多余水分排出。花蜜

图2-11　采集花蜜（引自 www.lusen.cn）

被中蜂吸进蜜囊的同时即混入了上颚腺的分泌物——转化酶，蔗糖的转化就从此开始。采集蜂归巢后，把蜜汁分给1至数只内勤蜂，内勤蜂接受蜜汁后，找个安静的地方，头向上，张开上颚，反复伸缩喙，吐出、吸纳蜜珠。20min后，酿中蜂爬进巢房，腹部朝上，将蜜汁涂抹在整个巢房壁上；如果巢房内已有蜂蜜，酿中蜂就将蜜汁直接加入。花蜜中的水分，在酿造过程中通过扇风来排除。如此5～7d，经过反复酿造和翻倒，蜜汁不断转化和浓缩，蜂蜜成熟，然后，逐渐被转移至边脾，待蜜房丰满再泌蜡封存。

　　②花粉的收集与制作。花粉是植物的雄性配子，其个体称为花粉粒，由雄蕊花药产生。饲喂幼虫和幼蜂所需要的蛋白质、脂肪、矿物质和维生素等，几乎完全来自花粉。

　　在蜜源植物开花季节，当花粉粒成熟时，花药裂开，散出花粉。中蜂飞向盛开的鲜花，拥抱花蕊，在花丛中跌打滚爬，用全身的绒毛黏附花粉，然后飞起来用3对足将花粉粒收集并堆积在后足花粉篮中，形成球状物——蜂花粉，携带回巢（图2-12）。

　　工蜂携带花粉回巢后，将花粉团卸载到靠近育虫圈的巢（花粉）房中，不久内勤蜂钻进去，将花粉嚼碎夯实，并吐蜜湿润。在中蜂唾液和天然乳酸菌的作用下，花粉变成蜂粮。巢房中的蜂粮贮存至七成左右，再添加1层蜂蜜，最后用蜡封盖，以期长久保存。

图2-12　采集花粉（引自 www.greensmiths.com）

（3）蜂王受精产卵行为

①交配与受精。处女蜂王羽化出房后首先与同期羽化出房的其他处女蜂王格斗，幸存者再巡视蜂巢，破坏王台，杀死即将羽化的其他蜂王。5～6日龄时其性器官发育成熟，于是在晴暖午后飞离蜂巢，在空中与雄蜂交配。处女蜂王与雄蜂交配发生在5～13日龄，8～9日龄是高峰期。通常，处女蜂王在婚飞时与飞在最前边的雄蜂交配，一次婚飞可连续与多个雄蜂交配，并可重复婚飞交配，并将精液贮存于受精囊中。天气越好、适龄雄蜂越多，越有利于交配；在阴雨时期和雄蜂少的场地，处女蜂王受精量少，产卵后常提早被交替。处女蜂王与雄蜂交配多在2km以外、15～30m的高空，在中蜂交尾场地附近，肉眼可看到彗星状的雄蜂急速旋转、移动追逐处女蜂王。处女蜂王的受精囊贮藏上百万的精子，供其一生使用。处女蜂王交配产卵后终生不再交配，除自然分蜂和蜂群迁居外终生不离蜂巢。

雄蜂与处女蜂王交配后因失去外生殖器而立即死亡，未获得爱情的雄蜂则回到蜂巢接受工蜂的安慰，期盼着明天或明天的明天与处女蜂王的约会。

②产卵与受精。处女蜂王交配后，哺育蜂环护其周，并不时地向蜂王饲喂蜂王浆，搬走蜂王的排泄物；随着卵巢的发育，体重上升，腹部逐渐膨大伸长，行动日趋稳健，在交配2～3d开始产卵。蜂王在巢脾上爬行，每到1个巢房便把头伸进去，以探测巢房大小和环境，然后把头缩回，如果这个巢房是已被工蜂清理好准备接受产卵的空房，蜂王就将头朝下，把腹部插入这个巢房，几秒钟后产完1粒卵，最后把腹部抽回，继续在巢脾上爬行，寻找适合产卵的巢房。

在正常情况下，蜂王在每1个巢房产1粒卵，在工蜂房和王台中产受精卵，在雄蜂房中产不受精卵。在缺少产卵房时，蜂王会在产过卵的巢房内重复产卵，但条件改变，这个现象即消失，否则，该蜂王应被淘汰。蜂王产卵，一般从中蜂密集的巢脾中央开始，然后以螺旋形的顺序向四周扩大，再逐渐扩展到左右脾。在巢脾上，产卵范围常呈椭圆形，习惯称之为"产卵圈"，而且中央的产卵圈最大，左右巢脾的依次减小。从整个蜂巢看，产卵区呈一椭圆球体，这有利于育儿保温。

在蜜源充足时，1 只优良的中蜂王每昼夜可产 900 粒卵，这些卵的总重量相当于蜂王本身的重量。蜂王的产卵力与其生殖结构、个体生理条件及蜂群内外环境有关。另外，蜂王永远都趋向在新造巢房中产卵。

卵成熟准备排出时，卵囊泡下端裂开，卵从卵巢管向下移，经侧输卵管到中输卵管，当卵经过受精囊口时，若释放精子，精子由卵孔钻入卵内，在卵内受精。留下的卵囊泡被其上的下一个卵囊泡吸收并被占其位置，卵巢管由于上端不断有新的卵产生、生长，因此恢复了长度。众多的卵巢管和上百万的精子，保证了成熟的卵不断排入阴道并受精。

（4）群体生活 在四季环境（气候、蜜粉源等）变化和自身适应下，中蜂群体每年都有相似的生活规律，以及在外界特殊作用力下，中蜂群体表现出本能行为的适应性。蜂群健康生长，需要优质的蜂王、一定数量的工蜂和充足优质的饲料。

①蜂群的生长。春天，随着冬天结束，蜂王开始产卵，蜂巢温度稳定在 34～35℃，蜂群由于不断孕育出新个体逐渐长大。在此过程中，蜂群势经过下降、恢复、上升和积累工蜂 4 个阶段，直至达到鼎盛时期，从此蜂群的生长便处于一个动态平衡中。黄河中下游流域，中蜂群势一般在 4 月下旬至 5 月上旬进入动态平衡。中蜂达到动态平衡时的群势，南方约为 20 000 只中蜂，黄河流域约为 30 000 只中蜂，这一时期也是生产蜂产品的好时机，如果没有适当的劳动强度，或没有更换老蜂王，则会发生分蜂。

②蜂群的增殖。蜂群以分蜂的形式扩大种群数量。分蜂主要集中在早春第一个主要蜜源开花后期和秋季蜜源花期，例如，河南中蜂多在 4 月下旬至 5 月上旬发生自然分蜂，8—9 月也会出现；贵州中蜂多在春季 3—5 月，其次是 9 月。分蜂时，老蜂王连同大半数的工蜂结群离去，另筑新巢，开始新的生活；原群留下的中蜂和所有蜂子，待新王出房、交配产卵后，又形成一群，这个过程就称为自然分蜂，为蜂群的繁殖方式，是中蜂社会化生活的本能表现。

在人为干预下，只要食物充足，每年1群中蜂可分蜂4次，由初春时的1群增加至4群。

中蜂分蜂前工蜂建造王台，引导蜂王产卵，培育新王；工蜂怠工，减少蜂王食物，蜂王产卵下降，整个蜂群的工作处于停滞状态；分蜂时工蜂簇拥蜂王离开蜂巢，远走高飞另行生活。

③越冬和度夏。蜂群越冬时间从秋末冬初蜂王停止产卵开始，到翌年春天蜂群育儿结束。越冬时间南短北长，海南、广东等省甚至没有越冬期。当气温下降至6～8℃时，蜂群就集结成蜂团，蜂王在蜂团的中央，全群的中蜂聚集在其周围；蜂团中央的中蜂吃蜜活动，并将产生的热量向蜂团表面输送，使蜂团表面的温度保持在6～10℃，中心温度处于12～24℃。在越冬过程中，中间的巢脾往往被啃洞或巢脾下缘被破坏，以利于中蜂活动。

中蜂属于半冬眠昆虫，在越冬期，唯有饮食、运动，获得维持巢穴所需的最低（蜂群生存）能量。如果饲料消耗殆尽，蜂群会被饿死；如果中蜂产生的能量不足以补偿蜂团表面散失的温度，蜂团外围的中蜂将逐渐被冻死。还有一部分会老死。因此，越过冬天的蜂群，群势会下降。

蜂群度夏。在长江以南地区，夏季气温高，蜜源少，蜂王停产，群内断子，巢温接近外界气温，中蜂仅进行采水降温活动，这一时期约持续2个月。而在蜜源较丰富的地方，蜂群无明显的度夏期。度夏的中蜂代谢比越冬的中蜂强，所以在南方度夏难于越冬。

蜂群度夏同样需要充足的食物和一定的群势。

④调节温度和湿度。

温度调节。中蜂个体温度随气温而变化，蜂群对温度有一定的调控能力。中蜂个体安全采集温度应不低于10℃，生长发育的最适巢温是34～35℃，低于或超过这个温度范围，其生长发育将受到影响，有的死亡，有的虽然能羽化，但是体质差、寿命短和易生病。长期食物不足或蜂、子比例和巢温失调都会使蜂群衰弱不堪。

蜂群对温度有较强的适应能力，1个1kg以上的蜂群（约12 000只中蜂），在繁殖季节能将培育蜂儿区的温度维持在34～35℃。蜂群通常以疏散、静止、扇风、采水、离巢等方式降低巢温，以密集、缩小巢门、加快新陈代谢等方式升高巢温。如图 2-13 所示，半球形的蜂巢有利于中蜂团结和保温，热时散开，冷时挤在一起。长时间高温会使蜂王产卵量下降甚至停产，在耐受不了长期高温的情况下会飞逃；而在越冬期，群势过弱会冻死，没有饲料会饿死。

图 2-13　蜂群对温度的适应（引自 www.invasive.org）

　　湿度调节。夏季，中蜂巢中的相对湿度应达到 90% 左右。中蜂通过采水来增加湿度，通过扇风来降低湿度。在干燥地区或高温季节，应给蜂群适当补充水分。冬季，蜂巢湿度保持在 75% 左右，采取场地干燥、增大巢门等措施，降低湿度。

　　实践证明，强群在断子期，抗逆力强，中蜂死亡少，饲料消耗小，能保存实力，繁殖期恢复发展快，能充分利用早春和秋季蜜源。强群培养的工蜂体壮、舌长、蜜囊大、寿命长、采蜜多，而且蜂巢内工作负担相对较轻，一旦遇到泌蜜期就能夺取高产，并有利于生产成熟蜜。强群抵抗巢虫的能力强，不易罹患囊状幼虫病。

　　⑤信息交流。中蜂的社会性生活方式，要求其成员间进行有效的信息传递。它们通过感觉器官、神经系统接受外界和体内各种理化刺激，按固定程序机械性地产生一系列行为反应，整个蜂群中的中蜂内外协调，共同完成采集、繁殖、分蜂、抗御敌害与严寒，使中蜂种群得以生存和繁荣。

1）本能与反射

本能与反射即是适应性反应，一般受内分泌激素的调节。如蜂王产卵，工蜂筑巢、采酿蜂蜜和蜂粮、饲喂幼虫等都是本能表现。中蜂对刺激产生反射活动，如遇敌蜇刺、闻烟吸蜜，用浸花糖浆喂蜂，中蜂就倾向探访有该花香气的花朵。本能与无条件反射都是中蜂种群在长期自然选择过程中所习得的适应性反应，永不消失；条件反射是中蜂个体在生活中临时获得的，得之易、失之也快。

2）信息外激素

信息外激素是中蜂外分泌腺体向体外分泌的多种化学通信物质，这些物质借助中蜂的接触、饲料传递或空气传播，作用于同种的其他个体，引起特定的行为或生理反应。主要有蜂王信息素、蜂子信息素、蜂蜡信息素和工蜂臭腺素等。

蜂王信息素。蜂王信息素是由蜂王上颚腺分泌，通过侍卫工蜂传播，起着团结蜂群和抑制工蜂卵巢发育的作用。

蜂子信息素。蜂子信息素由中蜂幼虫和蛹分泌散布，主要成分是脂肪族酯和 1,2- 二油酸 -3- 棕榈酸甘油酯等，作为雄、雌区别的信息，还有刺激工蜂积极工作的作用。

蜂蜡信息素。蜂蜡信息素是由新造巢脾散发出的挥发物，能够促进工蜂积极工作。

工蜂臭腺素。当中蜂受到威胁时，就高翘腹部，伸出螫针向来犯者示威，同时露出臭腺，扇动翅膀，将携带密码的香气报告给伙伴，于是，群起攻击来犯之敌。

⑥中蜂的舞蹈。中蜂在巢脾上用有规律地跑步和扭动腹部来传递信息进行交流（图2-14），类似人的"哑语"或"旗语"。

图2-14 中蜂的舞蹈（引自《BIOLO-GY》-Life on Earth，THIRD）

圆舞。中蜂在巢脾上快速左

右转圈，向跟随它的同伴展示丰美的食物就在附近（100m 以内）。

"8"字舞。又称为摆尾舞。中蜂在巢脾上沿直线快速摆动腹部跑步，然后转半圆回到起点，再沿这条直线小径重复舞动跑步，并向另一边转半圆回到起点，如此快速转"8"字形圈，向跟随它的同伴诉说甜蜜还在远方，鲜花在它的头和太阳连线与竖直线交角相对应的方向上。于是，群芳麋至，将食物搬运回家。

食物越丰富、适口（甜度与气味）、距离越近，舞蹈蜂就越多、跳舞就越积极、单位时间内直跑次数就越多（表 2-1）。

表 2-1　中蜂摆尾舞直跑次数与距离的关系

距离（m）	每 15s 直跑次数
100	9 ～ 10
600	7
1000	4
6000	2

当一个新的中蜂王国诞生（分蜂）时，中蜂通过舞蹈比赛来确定未来的家园。

⑦中蜂的声音。蜂声是中蜂的有声语言，如中蜂跳分蜂舞时的呼呼声，似分蜂出发的动员令，"呼声"发出，中蜂便倾巢而出；中蜂围困蜂王时，发出一种快速、连续、刺耳的吱吱声，工蜂闻之，就会从四面八方快速向"吱吱"声音处爬行集中，使围困蜂王的蜂球越结越大，直到把蜂王闷死；当蜂王丢失时，工蜂会发出悲伤的无希望的哀鸣声；受到惊扰或胡蜂进攻时，在原地集体快速振动身体，发出唰唰地整齐划一的蜂声，向来犯之敌示威和恐吓。

⑧中蜂的食物。食物是中蜂生存的基本条件之一，充足优质的食物也是养好中蜂获得高产的基础。中蜂专以花蜜和花粉为食，在自然情况下，食物是指蜂蜜和蜂粮，它们来源于蜜粉源植物。另外，蜂王浆是小幼虫和蜂王必不可少的食物，水是生命活动的物质。

如果蜂群营养充分，中蜂就会健康，获得好收成；如果蜂群缺乏营养，中蜂就会衰弱，得不到效益。

1）糖类化合物

蜂蜜。蜂蜜是由工蜂采集花蜜并经过酿造而来，为中蜂生命活动提供能量。蜂蜜（图2-15）中含有180余种物质，其主要成分是果糖和葡萄糖，约占总成分的75%；其次是水分，含量约为20%；另外还有蔗糖、麦芽糖、少量多糖及氨基酸、维生素、矿物质、酶类、芳香物质、色素、激素和有机酸等。

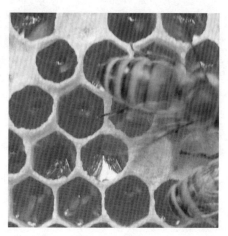

图2-15 蜂蜜

白糖。白糖是由甘蔗和甜菜榨出的汁液制成的精糖，主要成分为蔗糖，分白砂糖和绵白糖两种，养蜂上常用的是一级白砂糖。在没有蜜源开花季节，常作为蜂蜜的替代饲料。

2）蛋白质食物

蜂粮。蜂粮是由工蜂采集花粉并经过加工形成（图2-16），为中蜂生长发育提供蛋白质。花粉是中蜂食物中蛋白质、脂肪、维生素、矿物质的主要来源，为中蜂生长发育的必需品。花粉中含有8%～40%的蛋白质、30%的糖类、20%的脂肪及多种维生素、矿物质、酶与辅酶类、甾醇类、牛磺酸和色素等。

蜂王浆。蜂王浆由工蜂的王浆腺和上颚腺分泌，为蜂王的食物（图2-17）及工蜂和雄蜂小幼虫的乳汁（图2-18），统称为蜂王浆，其主要成分是蛋白质和水。蜂王的生长发育和产卵期都

图2-16 蜂粮

必须有充足的蜂王浆供应。

图 2-17　蜂王浆（引自《中蜂挂图》）　　　图 2-18　工蜂浆——蜂乳

　　蜂王吃的蜂王浆和中蜂小幼虫喝的蜂乳，虽然都是由工蜂王浆腺和上颚腺分泌形成，并统称为蜂王浆，但两者的颜色、成分是有区别的。

　　3）水分

　　水分由工蜂从外界采集获得，在中蜂活动时期，1 群蜂每日需水量约 200g，1 个强群日采水量可达 400g。

第三章　中蜂的主要蜜源植物

丰富优质的蜜源是饲养中蜂的基础，先进实用的工具是养好中蜂、获得效益的必要条件。

中蜂的食物是蜂蜜和蜂粮，来源于植物花朵分泌的花蜜和散出的花粉，蜂蜜为蜂群提供能量，蜂粮为蜂群提供蛋白质。凡是为中蜂提供花蜜和花粉的植物或其中之一的，统称蜜源植物。

第一节　蜜源知识

花是植物的生殖器官，是植物果实、种子形成的基础。一朵花由花柄（花梗）、花托、花萼、花冠、雄蕊、雌蕊和蜜腺等部分组成（图 3-1），蜜腺分泌花蜜（图 3-2），雄蕊散发花粉。

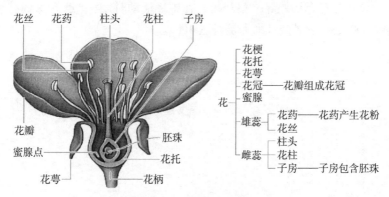

图 3-1　桃花的结构

（引自《BIOLOGY》—*The Unity and Diversity of Life*，**EIGHTH EDITION**）

一、花蜜

绿色植物光合作用所产生的有机物质，用于建造自身器官和支付生命活动的能量消耗，剩余部分积累并贮存于植物某些薄壁组织中，在开花时，则以甜蜜的形式通过蜜腺分泌到体外，即花蜜（图3-2），用来招徕昆虫或其他动物为其传粉。

图3-2 花蜜的产生——蜜腺分泌的甜汁

二、花粉

花粉是植物的（雄）性细胞，在花药中生长发育，植物开花时，花粉成熟即从花药开裂处散发出来。一方面作为雌蕊的受精载体，另一方面作为食物吸引媒介动物为其传播。

三、影响泌蜜散粉的因素

影响植物开花泌蜜散粉的因素，一是植物本身特性，如遗传因素、花的位置和大年小年等；二是外界环境条件，如光照与气温、湿度与降雨、刮风与沙尘、向阳或河谷等；三是人为影响，如栽培技术、生长好坏、农药喷洒、激素应用等。

一般说来，阳光充足、雨水适中、风和日丽、温度15～35℃、植株健康的植物分泌花蜜和散粉较好，反之则差。

第二节 主要蜜源植物

能够被中蜂利用并能生产出单一花种蜂蜜的蜜源植物约有20余种，主要生长在山区，靠近山区的平原地带也被转地中蜂利用。

图 3-3 党参（引自 www.em.ca）

一、党参

党参属于桔梗科草本药材蜜源，以甘肃、陕西、山西、宁夏种植较多。党参花期从 7 月下旬至 9 月中旬，长达 50d。党参花期长、泌蜜量大，3 年生党参泌蜜好（图 3-3）。

二、柑橘

柑橘属于芸香科的常绿乔木或灌木类果树，分为柑、橘、橙 3 类。分布在秦岭、江淮流域及其以南地区。多数在 4 月中旬开花。群体花期 20d 以上，泌蜜期仅 10d 左右。中蜂群 1 个花期内可采蜜 10kg。柑橘花粉呈黄色，有利于蜂群繁殖。柑橘花期天气晴朗，则蜂蜜产量大，反之则减产。中蜂是柑橘异花授粉的最好媒介，产量可提高 1 ～ 3 倍，通常每公顷放中蜂 2 ～ 3 群，分组分散在果园中的向阳地段（图 3-4）。

三、荔枝

荔枝属于无患子科的乔木果树。主要产地为广东、福建、广西，其次是四川和台湾地区，全国约有 6.7 万 hm^2。1—5 月开花，花期 30d，泌蜜盛期 20d。雌、雄开花有间歇期，夜晚泌蜜，泌蜜有大小年现象。中蜂可转地集中采集荔枝蜜（图 3-5）。

图 3-4 柑橘

四、枇杷

枇杷属于蔷薇科常绿小乔木果树。浙江余杭、黄岩，安徽歙县，江苏苏州，福建莆田、福清、云霄，湖北阳新等地栽培最为集中，近些年来，河南等地作为城市绿化树种栽培。枇杷在安徽、江苏、浙江11—12月开花，在福建11月至翌年1月开花，花期长达30 ～ 35d。枇杷在18 ～ 22℃、昼夜温差大的南风天气，相对湿度为60% ～ 70%时泌蜜最多，中蜂集中在中午前后采集。刮北风遇寒潮不泌蜜。1群蜂可采蜜5 ～ 10kg。枇杷花粉为黄色，数量较多，有利于蜂群繁殖（图3-6）。

图 3-5　荔枝

图 3-6　枇杷

五、酸枣

酸枣又名山枣等，鼠李科落叶灌木或小乔木，主产于太行山一带，以河北南部的邢台为主，其次为新疆、山西、河北、河南、陕西等地，中南各省亦有分布。多野生，小枝呈"之"字形弯曲，为紫褐色。树势较强。枝、叶、花、果与大枣相似。其适应性较普通枣强、花期长。花期为5—7月，是中蜂的主要蜜源。

六、龙眼

龙眼又名桂圆，属于无患子科常绿乔木、亚热带栽培果树。海南岛和云南省东南部有野生龙眼，以福建、广东、广西栽种最多，其次为四川和台湾地区。福建的龙眼集中在东南沿海各县市。龙眼树在海南岛3—4月开花，广东和广西4—5月开花，福建4月下旬至6月上旬开花，四川5月中旬至6月上旬开花。花期长达30～45d，泌蜜期为15～20d。龙眼开花泌蜜有明显大小年现象，大年天气正常，每群中蜂可采蜜5～10kg。龙眼花粉少，不能满足蜂群繁殖要求。由于龙眼花期正值南方雨季，是产量高但不稳产的蜜源植物。龙眼夜间开花泌蜜，泌蜜适宜温度为24～26℃。晴天夜间温暖的南风天气，相对湿度70%～80%，泌蜜量大。花期遇北风、西北风或西南风不泌蜜。果树花期，要预防中蜂农药、激素中毒。

七、草木樨

草木樨属于豆科牧草。分布在陕西、内蒙古、辽宁、黑龙江、吉林、河北、甘肃、宁夏、山西、新疆等地。6月中旬至8月开花，盛花期为30～40d。白香草木樨花小而数量多，花蜜、花粉均丰富。

八、椴树属

椴树属主要蜜源有紫椴和糠椴，落叶乔木，以长白山和兴安岭林区最多、泌蜜最好（图3-7）。

紫椴花期在6月下旬至7月中下旬，开花持续20d以上，泌蜜期为15～20d。紫椴开花泌蜜大小年明显，但由于自然条件影响，也有大年不丰收、小年不歉收的情况。糠椴开花

图3-7 椴树

比紫椴迟 7d 左右，泌蜜期为 20d 以上。

九、柃

又名野桂花，为乔木，为山茶科柃属蜜源植物的总称。柃生长在长江流域及其以南各省、自治区的广大丘陵和山区，江西的萍乡、宜春、铜鼓、修水、武宁、万载，湖南的平江、浏阳，湖北的崇阳等地，柃的种类多，数量大，开花期长达 4 个多月，是我国野桂花蜜的重要产区。柃花大部分被中蜂所利用，浅山区西方中蜂也能采蜜。同一种柃有相对稳定的开花期，群体花期为 10～15d，单株为 7～10d。不同种的柃交错开花，花期从 10 月到翌年 3 月。中蜂常年每群蜂产蜜 20～30kg，丰年可达 50～60kg。柃雄花先开，中蜂积极采粉，中午以后，雌花开，泌蜜丰富，在温暖的晴天，花蜜可布满花冠。柃花泌蜜受气候影响较大，在夜晚凉爽、晨有轻霜、白天无风或微风、天气晴朗、气温 15℃ 以上时泌蜜量大；在阴天甚至小雨天，只要气温较高，仍然泌蜜，中蜂照常采集。最忌花前过分干旱或开花期低温阴雨（图 3-8）。

图 3-8 柃

十、荆条

荆条属于马鞭草科的灌木丛。有紫荆条、红荆条和白荆条等，主要分布在河南和湖北山区、北京郊区、河北承德、山西东南部、辽宁西部和山东沂蒙山区。6—8 月开花，花期为 40d 左右。1 个强群可取蜜 25kg（图 3-9）。

十一、乌桕

乌桕属于大戟科乌桕属蜜源植物，其中栽培的乌桕和山区野生的山乌桕均为南方夏季主要蜜源植物（图 3-10）。

图 3-9 荆条

图 3-10 乌桕

(一) 乌桕

落叶乔木,分布在长江流域以南各省区,6月上旬至7月中旬开花。

(二) 山乌桕

落叶乔木,生长在江西省的赣州、吉安、宜春、井冈山等地,湖北大悟、应山和红安,贵州的遵义,以及福建、湖南、广东、广西、安徽等地。在江西6月上旬至7月上旬开花,整个花期为40d左右,泌蜜盛期为20~25d,是山区中蜂最重要的蜜源之一。

十二、桉树

桉树泛指桃金娘科桉属的夏、秋、冬开花的优良蜜源植物,乔木。分布于四川、云南、海南、广东、广西、福建、贵州,6月至翌年2月开花,每群蜂生产蜂蜜5kg。

十三、密花香薷

密花香薷属于唇形科草本蜜源,分布在河南三门峡市、宁夏南部山区、青海东部、甘肃的河西走廊及新疆的天山北坡。7月上中旬至9月上中旬开花,泌蜜盛期在7月中旬至8月中旬。

十四、野坝子

野坝子属于唇形科多年生灌木状草本蜜源。主要生长在云南、四川西南部、贵州西部。10月中旬至12月中旬开花，花期为40～50d。常年每群蜂可采蜜10kg左右，并能采够越冬饲料。花粉少，单一野坝子蜜源场地不能满足蜂群繁殖需要。

十五、车轴草

车轴草又名三叶草，有红车轴草和白车轴草，属于豆科多年生花卉和牧草、绿肥作物，城市夏季主要蜜源。分布在江苏、江西、浙江、安徽、云南、贵州、湖北、辽宁、吉林、黑龙江和河南等省。4—9月有花开，5—8月集中泌蜜。每群蜂采红车轴草蜜3～5kg。

十六、野菊花

野菊花为菊科多年生野生草本植物，高0.25～1m，头状花序，呈类球形，直径为0.3～1cm，为棕黄色。生长在山坡草地、灌丛、田边、路旁，主要分布于吉林、辽宁、河北、河南、山西、陕西、甘肃、青海、新疆、山东、江苏、浙江、安徽、福建、江西、湖北、四川、广东深圳、云南、湖南等地。花期为6—11月，以9—10月菊利用最好，每群中蜂可采蜜5kg左右（图3-11）。

图3-11　野菊花

十七、鸭脚木（八叶五加）

鸭脚木又名鹅掌柴，是被子植物门五加科、热带和亚热带地区常绿阔叶林中的常绿灌木或乔木。原产于大洋洲、中国广东和福建。分枝多，掌状复叶，圆锥状花序，小花为浅红色，花期为11—12月。东南沿海中蜂生产的冬蜜即指鸭脚木蜜。

十八、黄刺玫

黄刺玫为蔷薇科落叶灌木，小枝为褐色或褐红色，具刺。花为黄色，单瓣或重瓣，无苞片。花期为5—6月。果呈球形，为红黄色。花粉丰富，对中蜂繁殖分蜂有重要意义。

十九、盐肤木（五倍子树）

盐肤木为漆树科小乔木或灌木状，圆锥花序被锈色柔毛，雄花序（30～40cm）较雌花序长。除东北、内蒙古和新疆外，其余省区均有分布。花期为8—9月，蜂蜜色黄味小苦（图3-12）。

图3-12　盐肤木

二十、山葡萄

山葡萄又名野葡萄，是葡萄科落叶藤本。藤长可达15m以上，树皮为暗褐色或红褐色，藤匍匐或攀附于其他树木上。卷须顶端与叶对生。单叶互生、深绿色、宽卵形，秋季叶常变红。圆锥花序与叶对生，花小而多、黄绿色。雌雄异株。果为圆球形浆果，黑紫色带蓝白色果霜。花期为5—6月。分布于河南、山西、黑龙江、吉林、辽宁、内蒙古等地，生长于海拔200～1200m的山坡、沟谷林中及灌丛中。

二十一、漆树

落叶乔木。广泛分布向阳山坡或栽培于田边地角。花期5—6月，是夏季主要蜜源植物。生漆为著名涂料。木材优良，用途广泛（图3-13）。

图 3-13　漆树

第三节　辅助蜜源植物

除主要蜜源植物外，我国能被中蜂利用的重要蜜源植物有 130 余种。

一、林木类

马尾松（甘露）、桉树、杨树、旱（垂）柳、刺槐（洋槐）、槐树、椿树（臭椿）、女贞（白蜡树）、楝树（苦楝）、橡胶树、粗糠柴（香桂树）、漆树、柽柳（西湖柳）、杜鹃（映山红）、泡桐（兰考泡桐）、水锦树、六道木、栾树、紫穗槐、石栎（蜜苦）。

二、果树类

枣树、板栗树、苹果树、梨树、猕猴桃树、沙枣树（银柳）、柿树、山楂树、柳兰树、核桃树。

三、作物类

荞麦、油菜、芝麻、棉花、向日葵、芝麻菜（芸芥）、茴香（小茴香）、槿麻（洋麻、黄红麻，主要产生甘露）、罂粟（阿芙蓉）、蚕豆（胡豆）、驴豆（红豆草）、韭菜、芫荽（香菜）、油茶、棕榈树、辣椒、烟叶、西瓜、南瓜、西葫芦、香瓜、冬瓜、丝瓜、玉米（玉蜀黍，少数年份产生蜜露）、水稻、高粱、荷花（莲花、莲）、大豆、大葱、茶树。

四、花草类

紫云英（红花）、毛叶苕子（长毛野豌豆）、光叶苕子（广布野豌豆）、老瓜头（牛心朴子）、紫花苜蓿、石楠、田菁（盐蒿）、水蓼（辣蓼）、小檗（秦岭小檗）、蓝花子、悬钩子（牛叠肚）、苦豆子、骆驼刺、沙打旺（直立黄芪）、膜夹黄芪（东北黄蓍）、牛奶子、岗松（铁扫把）、大花菟丝子、薇孔草、葎草（啦啦秧）、瓦松、野草香（野苏麻）、紫苏（白苏）、薰衣草、东紫苏（米团花）、百里香（地椒）、鸡骨柴（酒药花）、香薷（山苏子）、柴荆芥（山苏子、木香薷）、牛至（满坡香）、瑞苓草、大蓟、芒（芭茅）、补龙胆、大叶白麻、火棘、铜锤草。

五、药材类

丹参、夏枯草（牛抵头）、桔梗、五味子、益母草、宁夏枸杞（中宁枸杞）、黄连（三探针）、苦参、薄荷（留兰香）、君迁子（软枣）、甘草、怀牛膝、当归（秦归）、茵陈蒿（黄蒿）、中华补血草、麻黄、黄连、地黄、冬凌草、山茱萸。

六、灌木类

野皂荚（麻箭杧针）、胡枝子、白刺花（狼牙刺）、冬青（红冬青）、黄栌（黄栌柴、蜜露）、杜英、越橘（短尾越橘）。

第四章　养蜂常用工具

第一节　蜂　箱

一、蜂箱的制作要求

蜂箱（图4-1）是中蜂生活的基础设施和最基本的养蜂用具。制作蜂箱的材料通常用隔热性较好的木材、塑料、水泥、泡沫等，要求能经久耐用而又比较轻便，以利于搬运。一般选用坚实、质轻、不易变形、充分干燥的木材，如红白松、椴木、桐木、杉木、青杨等木材制作。

图4-1　蜂箱

蜂箱的式样多种多样，最简单的蜂箱是一个封闭而内部黑暗的容器，可以是木箱、编篓、陶罐、空心树段等，现在不少地区仍在使用这种简易原始的蜂箱。以这些蜂箱来养蜂的最大弊端是取蜜时蜂巢必然会被毁坏，中蜂不得不重新筑巢；还有就是所取的蜜是通过压榨巢脾挤出的，质量严重下降。而新法养蜂（活框养蜂）的巢脾是可活动的，能随意地抽出调动，取蜜时也不必毁坏巢脾，大大提高了劳动效率和蜂蜜产量，蜂蜜的质量也有了保证。我国现今使用的蜂箱，其式样有几十种之多，在此仅介绍其中的标准蜂箱，以便和全国保持统一。

二、十框标准蜂箱

十框蜂箱是重叠型蜂箱，可以向上叠加继箱的方式来扩大蜂巢，是目前国内外养蜂业使用最为普遍的蜂箱，习惯上称为标准蜂箱，也称郎氏蜂箱，是1853年由美国人Langstroth（郎斯特罗斯，即郎氏）发明的（图4-2）。

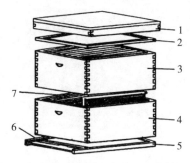

1.大盖；2.副盖；3.继箱；4.巢箱；
5.底板；6.巢门条；7.巢框
图4-2　标准蜂箱的构造

（一）箱盖

箱盖也称为大盖，其作用相当于房屋的房顶。要求紧密不漏水，隔热性能好，轻巧牢固。大盖内围长516mm，宽420mm，比箱身外围略大些。箱盖厚度22mm，内侧钉有木条，可浮搁在副盖上，大盖与副盖间的空间起隔热作用，低温季节可垫放保温物。

（二）副盖

副盖能使大盖与副盖间形成一定的空间间隔，并利用该间隔内的空气来隔热，其作用相当于房屋的天花板。可用厚10mm的木板做成与蜂箱等同长宽的木板型副盖；或者用10mm厚的木条做成边框，中间钉上16～18目的纱网而成为纱盖型副盖。纱盖利于通风，蜂群时常转地时尤为适用，在我国使用极普遍。

（三）蜂箱

蜂箱也称为巢箱或底箱，其作用相当于房屋的四壁。是用厚度不少于22mm的木板（北方可厚些，南方可薄些）接合而成的中空长方体。蜂箱的前、后壁内侧上方各开一道"L"形的宽8mm、深25mm的框槽，槽口最好再钉上铁条，铁条上缘距箱体上缘17mm，以便于搁放巢框的两个框耳。巢箱内径尺寸长、宽、高分别为464mm、369mm和241mm。

（四）继箱

叠放在巢箱上的蜂箱称为继箱，其作用相当于房屋的楼房。与巢

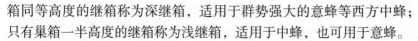

箱同等高度的继箱称为深继箱，适用于群势强大的意蜂等西方中蜂；只有巢箱一半高度的继箱称为浅继箱，适用于中蜂，也可用于意蜂。

（五）箱底

箱底的作用相当于房屋的地板。有两种类型的箱底，一种不与巢箱连接在一起的称为活动箱底；另一种与巢箱连接成一体的称为固定箱底。

1. 活动箱底

活动箱底是在一块与蜂箱外径等同长宽的木板的两面，各加上一高（22mm）和一矮（10mm）的三面外框。夏季天热时将巢箱放置在高外框上，使巢箱的下蜂路较大；低温季节则将巢箱放置在矮外框上，使巢箱的下蜂路较小。活动箱底的最大优点是清理打扫箱底非常方便，也便于蜂群的给药及饲喂，但搬运起来很费事。

2. 固定箱底

用厚22mm的木板，上下钉有边条，再与巢箱固定而成。上面边条的作用是保持一个合适的下蜂路（10～22mm）；下面边条的作用则是垫高箱底，使之不直接与地面接触。箱底固定对蜂箱搬运有利，但清扫箱底就比较麻烦。

注意，底板比巢箱的长度要长一些，这样可在巢门前面伸出约80mm长的巢门踏板，便于中蜂出入时起降之用，也便于安装巢门式饲喂器和脱粉器等蜂具。

（六）巢门

巢门用以调节巢箱出入口的大小。常用的办法是用一方条木，在其上下两边各开一个高9mm、宽165mm及高8mm、宽50mm的缺口，使用时插在巢箱前面的预留插槽内。可正着插，也可反着插，缺口的大小就是巢门的大小，以适应不同季节及不同强弱群势蜂群的需要；另一种常用方法是在巢箱前面左右各开一个缺口，缺口内钉上一块可旋转的小木条，靠小木条旋转的角度来调节巢门的大小。这种方法对制作转地放蜂的固定箱底式蜂箱比较适用。

（七）巢框

巢框是支撑、固定巢脾的长方形框架，是蜂箱组件中的核心部分。其作用是使中蜂筑造的巢脾不超出框外，也就是让每张巢脾均被固定限制在框内，而不再像该设计发明之前那样，巢脾是直接与箱顶和箱壁连接在一起的，从而实现了巢脾可移动性的设想。这一思路开了现代养蜂（新法养蜂）的先河，并被广泛沿用至今。

巢框由一上梁、两侧条及一下梁组成。

1. 上梁

长 480mm，宽 27mm，厚 19mm。两端各留有长 26mm、厚 10mm 的框耳缺口，加上侧条后，框耳的长度为 16mm，可搁在蜂箱前后壁内侧上方开出的框槽上。制作上梁时，常在其下平面正中线处，开一条深 6mm、宽 3mm 的巢础沟槽，这样在装巢础时，可把巢础镶嵌进该沟槽内。

2. 侧条

侧条高 222mm，厚 10mm。因宽度的不同，侧条有两种，一种是带蜂路的，另一种则是不带蜂路的。

带蜂路的侧条上部约 1/3 范围内的宽度为 35mm，下部近 2/3 的部分宽为 27mm。较宽的上部一边制成尖角一边制成平面。这样，在放置巢框时，各框侧条的尖角和平面互相顶接，使蜂箱内各框的框间形成一条宽 8mm 的蜂路。

不带蜂路的巢框侧条上下宽度一致，均为 27mm。为保持蜂路，可在侧条与上梁的连接处左右各钉上高 8mm 的距离夹（常用塑料制作距离夹），这样在放置巢框时，各框上的距离夹也可使框间形成标准的 8mm 蜂路。

为便于安装巢础，一般在两侧条上等距离地钻上 3～4 个小孔，用于穿装固定巢础的框线（常用 24～26 号粗细的铁丝作框线）。

3. 下梁

也称底梁或底条，其长为 428mm，宽为 19mm，厚为 10mm。

将巢框的 4 个组件安装完毕后，组成的巢框的内围长 428mm、高 203mm，面积为 868.8cm^2。

除木制巢框外，也有用硬质塑料来制造巢框的。既可像制作木制巢框那样，将上梁、底梁和两侧条分别注塑成型后插紧连接而成巢框，也可注塑成整体的巢框。如果注塑技术过硬，甚至可以将巢框和巢础，乃至完整的巢脾一次性地注塑成型。塑料巢框质轻而耐用，消毒也方便，比蜂蜡巢脾更能抗拒分离蜂蜜时离心力的撕裂作用，适合使用高速电动分蜜机的机械化养蜂的需要。

（八）隔板

隔板被用于隔开蜂箱内的空间，其作用类似于人类房间内使用的屏风。当蜂群的群势达不到满箱（10 脾）时，可用隔板将现有蜂巢大小以外的富余空间隔开，这样有利于中蜂对蜂巢内温度等条件的调节，并可防止中蜂筑造赘脾。隔板的厚度为 10mm，其长和宽与巢框的外径相同，并像巢框那样有两个框耳。

（九）闸板

闸板被用于完全隔断分开巢箱的空间，也就是把巢箱一分为二，其作用相当于人类房屋中邻居间的房间隔墙。

闸板的厚度也是 10mm，其大小尺寸与巢箱的内围尺寸相同，即长 464mm，高 241mm。要特别注意在框耳部分必须与蜂箱能完全咬合，不留空隙，否则就会失去其作用。将闸板插入蜂箱后，蜂箱被完整地分为两个部分，这样就可以在一个蜂箱中同时饲养两个蜂群，并使两群的中蜂间不能自由来往。

第二节　摇蜜机

一、摇蜜机的作用及原理

摇蜜机学名称为分蜜机，是新法养蜂取蜜必不可少的工具。摇蜜机是根据旋转产生离心力的原理制成的。当把装满蜂蜜的巢脾放入摇蜜机并以适当的速度旋转时，即可将储藏在巢脾上巢房内的蜂蜜通过离心力甩出而流入桶内。这样既能不损坏巢脾，又能取到含杂质量少的优质蜂蜜。

二、摇蜜机的构造

我国绝大多数蜂场普遍使用的是构造简单、体积小巧的两框固定

图 4-3 摇蜜机

式摇蜜机（图 4-3）。它的基本结构一般由桶体、巢脾装载框架及伞形齿轮传动结构三部分组成。传动结构装在桶体上部，而巢脾装载框架连接在传动结构上并悬空在桶体内。当转动手摇把时，传动结构的伞形齿轮将手摇产生的水平旋转力转换成巢脾装载框架的垂直方向旋转力，并带动装在框架上的两个巢脾一起旋转，进而将巢脾内的蜂蜜甩出。这种分蜜机适合于饲养蜂群数量不大而又经常转地放牧的小型蜂场，蜂群数一般在百群以内。

如果所饲养的蜂群数较大，达到几百群或几千群，再用手动摇蜜机就难以应付，必须使用电动辐射式多框分蜜机。这种分蜜机目前在我国使用得很少，主要是因为一般蜂场的蜂群饲养量都达不到要求。

三、摇蜜机的制作材料

分蜜机的桶体最好用塑料、木材制作，不宜用铁皮、铝皮、铅皮等金属材料。因为中蜂对这些常见的金属材料具有较强的腐蚀性，不仅会使分蜜机逐渐损坏，更为严重的是这些金属会污染蜂蜜，严重降低蜂蜜的质量。

制作传动结构的材料一般选用不易生锈的钢材或铝材，而巢脾装载框架可使用硬塑料制作。

第三节　巢　础

巢础是一张人工用机械压制成的两面都具有凹凸的正六角形巢房底和巢房壁基础部分的蜂蜡片，是人工制造的中蜂巢房的房基，或者说是供蜂群筑造巢脾的基础。巢础的正反两面均由数千个排列整齐、相互衔接的正六角形构成，各正六边形彼此互为公共底和公共边。

一、巢础的作用

中蜂筑造巢脾时，首先制作房底，再加高房壁而成巢房。在了解了中蜂这种筑造巢脾的机制后，巢础的作用是人为地为中蜂先做好了"房底"，让中蜂在这种人工房底的基础上继续筑成完整的巢脾。这样做不仅使巢脾筑造的速度大大加快，更重要的是做成的巢脾、巢房的大小非常一致，既实用又美观，符合中蜂尤其是养蜂者对巢脾的要求。

二、巢础的制作材料

必须选用优质纯净的蜂蜡来制作巢础，如若为降低成本而掺入较多的矿物蜡或植物蜡，不仅不易为中蜂所接受，而且做成的巢础或质脆而少韧性，或过于柔软而容易延伸变形，装满蜂蜜后或在分蜜机中旋转时因承受不了拉力而很容易被撕裂。

三、巢础的种类

按适用巢础的蜂种的不同，我国生产的巢础的种类可分为中蜂巢础和意蜂巢础两大类。前者的房眼宽度为 4.61mm，每平方厘米有 12.43 个工蜂房；而后者的房眼宽度为 5.31mm，每平方厘米有 8.51 个工蜂房，两者的巢础不能混淆使用。此外，还具有专门为生产雄蜂蛹而特意生产的意蜂雄蜂巢础。上述种类的巢础，均以蜂蜡为原料而制成。现在以塑料为原料而生产的塑料巢础居多。

四、对巢础的基本要求

第一是房眼的大小要保持一致，每个房眼的正六边形都清晰且规格不变形；第二是巢础的厚薄要均匀一致；第三是巢础应平整不弯曲，整张巢础在一个平面上；第四是巢础的四边要切割平直而工整，切线不能出现倾斜而切过两排巢房的情况；第五是巢础的颜色应呈黄色，且整张巢础的色泽应均匀一致，房底的透明度也应保持一致。

第四节　其他常用养蜂工具

一、割蜜刀

取蜜时，要用割蜜刀来切除封盖蜜脾的封盖蜡。可选用纯钢片制成薄而锋利的双刃刀具。每次使用前要把刀口磨利，以防切蜜盖时将巢脾上的蜡质柔软巢房拉扯变形。

二、隔王板

顾名思义，隔王板的作用就是隔离蜂王于蜂箱中某个特定的区域，使蜂王的产卵固定在该特定区域内，从而把蜂箱分为育虫区和生产区。在生产蜂王浆、巢蜜等产品时，将产浆框、巢蜜格放入生产区中。这样，使用隔王板就非常必要了。隔王板一般使用栅片型，即在木制边框内装有栅片。栅片用14号铁丝制成，两铁丝之间的空隙约4.4mm。其优点是牢固耐用，不易变形，但价格较贵。更常见的是用直径7.5mm竹丝或木丝制作的竹丝或木丝隔王板。其优点是取材方便，加工容易，成本低，但是牢固度较差，较易变形。除栅片型外，不常见的还有以锌片或铝片冲孔而成的冲孔型。隔王板有平面隔王板与框式隔王板之分。

（一）平面隔王板

平面隔王板用于重叠型蜂箱，其外围尺寸与箱身相同，放在巢箱与继箱之间，使巢箱成为育虫区，而继箱成为生产区。即把育虫巢箱和贮蜜继箱分隔开，便于取蜜、浆，并提高蜂产品的质量。隔王板使蜂王和雄蜂不能通过而进入继箱，工蜂却能自由通行。

（二）框式隔王板

框式隔王板原理同平面隔王板。框式隔王板插在蜂箱内，其作用是把巢箱分成育虫区与生产区，使蜂王只能在育虫区内的几个脾上产卵，而另一边的生产区可用于生产蜂王浆和蜂蜜等蜂产品。当蜂群群势较弱，或饲养中蜂时常用到框式隔王板。常见的框式隔王板是做成一个与闸板同等大小的木制边框，框内装上竹丝制或木丝制的栅片，也可装冲孔型筛板。

三、喷烟器

喷烟器也称为熏烟器，其作用是征服或驱赶中蜂。喷烟器的工作原理在于，中蜂长期生活在森林中，形成了遇到烟雾（意味着森林即将发生火灾而被烧毁）就会大量吸蜜准备逃跑的行为习性。而腹部吸饱蜂蜜的工蜂要弯曲收缩腹部以动用螫刺就很困难，故此蜂群在被喷烟后可变得比较"温驯"。

喷烟器由发烟筒和风箱两大部分组成。发烟筒由燃烧室、炉栅、筒盖构成。使用时，将干草枯叶等易发烟物点燃后放入燃烧室中，将筒盖盖好，然后压缩风箱鼓风，使烟喷出。喷烟器多用于检查蜂群、取蜜、合并蜂群、诱入蜂王等日常蜂群管理。

四、面网和蜂帽

中蜂的螫刺行为常使大多数人对之退避三舍。养蜂人也要注意及时预防中蜂的螫刺。戴上面网和蜂帽之后，虽然会感到有些不方便，但操作时会减少畏惧感，提高工作效率。事实上，即使是富于经验的蜂农，在遇到凶暴的蜂群、恶劣的天气或缺乏蜜源时进行管理操作，也需要戴上面网和蜂帽加以保护。因此，面网和蜂帽是蜂群管理中不可缺少的用具。

面网是用白色蚊帐面纱、尼龙纱做成的一个罩头，用于保护操作者头部、面部和颈部等紧要部位免遭蜂螫。该罩头的前方要裁出一块280mm×230mm见方的孔洞，再缝上黑色的纱网，以利于佩戴者看清面网外的目标。

在佩戴面网时，一般要与蜂帽配合使用。蜂帽的作用相当于蚊帐的支杆，把面网撑起而不会贴在脸上。常见的蜂帽为草帽或白色塑料帽。

五、蜂刷

蜂刷又称蜂帚，用来轻轻扫除附在巢脾、育王框、产浆框上的中蜂。蜂刷用不变形的硬木制作，全长约 360mm，嵌毛部分的长度约 210mm，一般嵌有两排刷毛，刷毛长 65mm。刷毛使用柔软适中的白色马鬃或马尾制成。

在使用过程中，蜂刷常常因逐渐沾上蜂蜜而变硬。故每次使用完后，都应将蜂刷用清水洗涤干净，以防再次使用时伤蜂。

六、起刮刀

起刮刀的作用相当于把铲子与钉和启钉子的锤子整合成一体。其一端是弯刀，用于撬动钉子；一端是平刀，用于铲刮蜂箱中杂物碎屑；中间是质量较大的铁块，用于敲打和启起小铁钉。在饲养有采胶习性的中蜂时，常用起刮刀撬动被蜂胶粘牢的副盖、继箱、巢脾、隔王板等，也用于铲刮蜂箱内放置巢框框耳部位的蜂胶及箱底污物等。是蜂群管理中经常使用的多用工具。理想的起刮刀应是用优质纯钢锻打而成的。

七、蜂王诱入器

蜂王诱入器的作用相当于一个小牢笼，可将蜂王关起来，暂时不与非本群工蜂发生身体接触，从而达到保护蜂王免遭工蜂围杀的目的。常在间接诱入蜂王时使用。蜂王诱入器有很多类型，常用的有木套诱入器（也称为密勒氏诱入器）、全框诱入器和扣脾诱入器等。

密勒氏诱入器是一个长 90mm、宽 30mm、高 12mm 的铁纱网容器。在该铁纱笼的宽的方向一头插入一块与铁纱笼等长的木块，另一头设一长 30mm、宽 12mm 的可自由抽动的铁片。使用时先抽出笼中的木板，将开口对准蜂王罩下，无处可逃的蜂王会自动爬入笼中。慢慢插入木块，将笼内空间调节到合适的大小后，用图钉固定住木块。最后从另一端开口处，捉入数只本群幼年蜂，并塞入一块炼糖即可。密勒氏诱入器的优点是小巧，携带方便，使用也很简单。

全框诱入器是一个可完整地装下整整一个巢框的纱网囚笼。其内部宽度约 43mm，高度 245mm，最大的两个侧面则用纱网制成。该囚笼的边角用三夹板或五夹板钉成，最上面的边做成可自由抽动的活板。使用时抽出最上面的活板，再将蜂王所在的那张脾，连蜂王带工蜂全部装入诱入器中，最后插好最上面的活板即可。全框诱入器的优点是蜂王活动空间大，能一如平常那样地继续产卵，很容易被接受。此外，放入诱入器的脾面上蜜粉虫俱全，即使蜂王暂时不被接受，也可提供足够的缓冲时间让蜂王被待诱入群的工蜂所认同。

扣脾诱入器是一个可以扣压在巢脾脾面上的纱网囚笼。其长、宽、高各为 65mm、47mm、12mm，用于扣在脾上的四边用铁皮制成，四边上具有长 7mm 的齿。使用时先将蜂王捉入笼内，再从无王群中提出一框有蜜的卵虫脾，在脾面上捉数只至十数只幼蜂放入诱入器中，再将诱入器稍用力扣在该巢脾有蜜的部位。最后将该扣了诱入器的巢脾放回无王群中即可。扣脾诱入器的优点是制作比较简单，效果比较理想，其作用就像缩小版的全框诱入器。

八、饲喂器

饲喂器是一种密闭的可以容纳液体饲料或水供中蜂采集的容器。其特点是饲喂操作方便，便于中蜂吮吸；饲料不易暴露，能防止发生盗蜂。饲喂器的种类很多，常用的有以下几种。

（一）巢门饲喂器

巢门饲喂器也称瓶式饲喂器，由一个广口瓶和底座组成。瓶盖用寸钉钉出若干个小孔，将装满蜜汁的瓶子倒置后插入底座。在大气压力下，蜜汁不会滴流，却能被中蜂吸出。一般在晚间，将巢门饲喂器的底座口从巢门插入巢内进行饲喂，能避免引起盗蜂。对于未满箱的弱群，可将它放在蜂箱内的隔板外面使用。

（二）框式饲喂器

框式饲喂器为大小与标准巢框相同的长扁形饲喂槽。有木制的和塑料制的，器内漂浮有薄木片浮条，使用中供中蜂吸食时立足而不被淹死。民间不少蜂农依照其原理而简单地用粗竹子制造简易的饲喂器。此外在巢框上梁凿成长方形的浅槽，也可作为少量饲喂蜜汁用。

（三）巢顶饲喂器

巢顶饲喂器是放置在蜂箱顶部的大型饲喂器，大小类似浅继箱。

工蜂可由蜂箱中直接爬入饲喂器中，站立于漂浮在糖浆表面的浮条上采食蜜汁。巢顶饲喂器装载量大，特别适合紧急补充饲料或饲喂越冬饲料，一次可装 5～10L 糖浆。

九、蜂王笼

蜂王笼也称囚王笼，是用纱网制成的长方形小笼，体积为 23mm×33mm×50mm。囚笼的一面为铁皮所制，铁皮上开有一圆孔，圆孔上具可滑动的铁片盖片，由此放入王台或蜂王。下部装有可开闭的木制饲料槽，用于装入炼糖。囚王笼，顾名思义，是用来暂时囚禁蜂王的，当管理中需要蜂王暂时停止产卵时（例如防治烂子病时）使用，也可以用于诱入王台或蜂王，其原理同蜂王诱入器。

在我国广泛使用一种竹丝制作的蜂王笼，是在四周钻有间距为 3mm 小孔的塑料片上，将直径 2mm 的竹丝插入这些小孔而围成长方形小笼。笼的体积为 20mm×33mm×50mm。插入小孔的竹丝中，有一根较长且能抽动拉出，蜂王即由此处放入。

十、蜂具凳

一种把箱子和凳子结合在一起的木制马扎，可放置管理用的蜂具和记录本等，检查蜂群时则可当坐凳。

十一、手钳

手钳是巢框拉线的必备工具，也是包装蜂群时装钉等常用的管理工具。

十二、竹编收蜂笼

竹编收蜂笼由 2 个钟形竹篓套叠在一起，中间衬以棕丝或竹叶。直径为 200mm，高约 300mm。收捕分蜂团时，在笼内喷洒一些稀薄蜂蜜，或吊上一块小巢脾后，将笼口紧靠在蜂团上方，再用蜂刷驱蜂进笼。待所收捕的分蜂团全部进入笼中后，用纱网封住下口，将收蜂笼提到蜂场中准备好的蜂箱正上方，于傍晚时分，直接把笼内的蜂团抖入蜂箱内即成。

十三、木工工具

　　养蜂使用蜂箱、巢框等木制蜂具居多，需要经常维护修理，因此，学会木工的基本操作技术很有必要。准备一套木工常用工具，如锯、刨、锤子、钳子、螺丝刀等，工作起来比较方便。

第五章　蜂种的购买技巧

第一节　选择蜂种的基本要求

对蜂种的选择，需要考虑蜂种的以下性状。

一、适应当地各种气候条件

对当地的各种气候因子，如风、光、大气压等，特别是对四季温度变化的适应。

二、经济效益好

高产稳产，蜂产品质量高。

三、抗病虫力强

对当地的各种中蜂病害敌害和虫害有较高的抵抗力，不易发病，自愈力强。

四、繁殖力强

蜂王产卵量大，工蜂的哺育力强，寿命长。

五、性情温驯，便于管理和操作

分蜂性、盗性、好蜇性、弃巢性弱；繁殖力、抗逆力、采集力强。

六、适应当前现实的生产管理

准备从事专业养蜂还是仅仅利用业余时间养殖？是定地养殖还是

追花夺蜜式的转地养殖？不同的蜂种对此表现出适应性的显著差异，应根据实际生产情况，选择适应当前的生产管理。

第二节　中蜂的特点

一、中蜂的优点

中蜂属东方中蜂。东方中蜂有许多自然品种（地理亚种），如印度中蜂、爪哇中蜂、日本中蜂等。中蜂是我国土生土长的品种，也是被我国人民长期广泛饲养的优良品种之一，中蜂的优点包括以下几个方面。

（一）成本低

购买中蜂比较便宜，加之可以诱捕野生中蜂蜂种，可进一步降低成本。民间有"养蜂不用种，只要勤做桶"及"卖蜂不卖箱，有箱就有蜂"的说法，指的就是收捕野生中蜂的好处。

（二）适应山区蜜源的采集

山区蜜源尽管种类较多，但一般都比较分散，寻找和采集比较费事。中蜂嗅觉比意蜂灵敏，绕障碍飞行能力及躲避天敌能力更强，正好适合采集这一类零星分散的蜜源。此外，中蜂适应于采集利用茶叶、油茶等本地蜜粉源。茶叶原产我国云贵高原，中蜂早已对之适应，基本没有什么不适应。而引进的外来蜂种，如意蜂等，常在茶叶花期表现出中毒烂子，严重时可造成垮群。

（三）抗螨、抗胡蜂

中蜂对蜂螨、胡蜂等原产于本地的常见病敌害抵御能力强。南方广大山林地区，每当夏秋蜜粉源稀少时期，胡蜂等敌害在巢前或花间拦劫捕杀中蜂，形成中蜂采集飞行上的"封锁线"。意蜂由于体形及蜜囊大，飞行迟缓，无法突破胡蜂关，这是它越夏不能成功的一个主要原因。而中蜂飞行灵活敏捷，能避过胡蜂捕杀。在炎夏季节，尚有在清晨和黄昏进行采集的特殊习性。因此，可以大大减少胡蜂、蜻蜓、蟾蜍、鸟类的捕杀。此外，中蜂对蜂螨和白垩病抗性强。

（四）中蜂比较稳产

一方面，中蜂比较勤劳，早出工、晚收工，每天比意蜂采集活动长 1～2h，在外界蜜源少或天气不良条件下仍能出勤工作，而且嗅觉灵敏，飞行敏捷，善于利用分散起伏的小蜜源。另一方面，中蜂的产卵育虫习性较灵活，能适应蜜粉源的多寡变化而相应增减。因此，中蜂消耗食料较省，一般不须喂糖。即使蜜源条件略差，管理粗放，也能生产，具有"大年丰收、平年有利、歉年不赔"的稳产性能。同时，因为是本地土生土长的蜂种，各地群众一般也有饲养的传统习惯，累积和总结了不少的生产经验。

（五）中蜂能利用低温季节的蜜源

中蜂个体耐寒性强，其个体安全临界温度在 11℃，在外界比较寒冷的早春、晚秋甚至冬季，中蜂常能安全采集；而意蜂的个体安全临界温度要求在 13℃ 以上。南方很多在低温季节开花的蜜源植物，如山桂花、鹅掌柴等，其开花时节的气温常在 13℃ 以下。意蜂不能采集利用。春季蚕豆、早油菜开花期间，也常遇到寒潮低温，意蜂常常大批冻僵巢外。而中蜂却能安全外出采集。

（六）中蜂适宜定地饲养

在某个特定的区域内，蜜粉源资源总是十分有限的，所以很多养蜂人选择了追花夺蜜的转地饲养方式。但外出放蜂的风险和不确定性是很高的，特别是对那些初学养蜂的人来说，如果遇上某种意外，可能会辛辛苦苦干一年却血本无归。中蜂由于其稳产性，可以定地饲养而有一定的收益，加上定地饲养减少了交通运输及人力投入等成本，可基本保证不会亏本。例如，在深山密林中往往蜜源丰富，但交通闭塞，转地蜂场常常无法利用。如果就地饲养中蜂，产量较高而基本不用投入，是一笔不小的收入。而在蜂闲季节，养蜂人可兼营果、林、漆、桐、茶等特产，既可以增加收入，又能为蜂群提供额外的蜜粉源，互相促进，一举两得。

二、中蜂的缺点

与意蜂相比，中蜂的不足之处主要表现在以下几个方面。

（一）分蜂性强，产卵力弱，不易维持强群

中蜂蜂王的产卵力大约只有意蜂蜂王的一半。致使中蜂的群势除个别品种外，很难达到满巢箱（10框）的程度，这对蜂群的生产力是个不利的因素。

（二）爱咬旧脾，清巢性弱，抗巢虫能力弱

巢脾使用一年左右即开始发黑变暗，中蜂往往会咬去这种旧脾而再做新脾。被咬下的旧脾碎屑又常常得不到及时地清理，成为巢虫滋生的食物和保护伞。因而中蜂巢内容易出现巢虫猖獗的现象。

（三）盗性强，爱争斗

中蜂嗅觉灵敏，在缺蜜季节很容易寻找到他群蜂群并试图偷盗其蜂蜜，故而表现出较强的盗性。如果中蜂与意蜂同场饲养，常常是刚开始缺蜜时中蜂先去骚扰意蜂，而到缺蜜后期意蜂凭借较大的群势和个体，则能攻破中蜂的防卫而把中蜂的储蜜抢盗一空。

（四）性情暴怒好蜇人

在白天开箱查看蜂群时，中蜂比意蜂更好蜇人；但到了夜晚则正好相反，中蜂一般反应迟钝，而意蜂却保持较高的警惕性，常常蜇刺开箱者。

（五）失王后工蜂易产卵

中蜂的蜂王与工蜂的分化程度没有意蜂的高，故而在失王后不久即会出现工蜂产卵的现象，这对新王的介绍是不利的。

（六）易弃巢逃群

一旦遭到病害、敌害或饥饿的威胁，中蜂往往会放弃旧巢而逃走，所以养蜂新手常出现"因管理不当而把蜂群养跑了"的事故。

第三节　中蜂蜂群的选购

一、购买中蜂蜂群的时间

尽管理论上来说，任何时候都可以从他人蜂场购买蜂群，但不同的时节购买蜂群在价格、饲养成功率、蜂产品收益等方面都存在明显的差异。

在通常情况下，在春季买蜂是比较适宜的，其具体时间北方宜在4—5月，南方宜在2—3月。此时蜂群已度过严寒的冬季而进入春季的蜂群繁殖期，新老蜂交替已经完成，蜂群表现比较稳定，挑选起来不容易看走眼；另外，外界的蜜粉源很多都是春季开花，此时蜜源丰富而稳定，饲养容易成功，且可以期待一个较好的收成。还有就是此时的气温对中蜂和蜂农来说都比较适宜，有利于蜂群的采集和蜂农的管理操作。但春季买蜂也是价格最贵的时候，因为此时蜂群群势正处在上升期，每框蜂就像播下的种子一样，可在不长的时间里发展成数框，贵一些也在所难免。

在夏季买蜂的情况比较少。尽管此时中蜂的价格比较便宜，但此时买进的蜂群往往已没有时间发展成为强群，对于当年的蜂产品生产帮助不大，而在接下来的越夏时期更是难有收获。所以夏季买蜂，常常仅仅是为突击补充现有蜂群群势的一种临时性措施。

秋季买蜂的情况也比较少，除非是当地有很好的冬季蜜源植物可以采集，否则买进的蜂群不仅当年没有收成，而且蜂群很快就会进入秋季繁殖时期，常常需要一定的饲料投入。

在夏、秋季节购蜂时一定要注意，当年至少还应有一个主要蜜源。这样，即使不能得到多少商品蜜，至少能够保证蜂群越冬需要的饲料储备。而全年大蜜源结束以后不宜买蜂，否则除购蜂成本、饲料成本外，还可能存在当年饲养失败或越冬失败的风险成本。

二、在哪儿购买蜂群

一般是从附近从事多年养蜂工作的蜂农处买蜂，这样比较方便，还可以多多向老养蜂员学习和取经。也可以从专业种蜂场或者蜂业管理站等地方购买，这些地方购买的蜂群也比较放心。

三、如何挑选蜂群

（一）箱外观察

先在蜂群的巢门口观察，初步确定那些巢门前干净、无死蜂，工蜂数量多，出入勤奋，采集蜂携带花粉比例较多的蜂群为待购群。因为这样的蜂群一般正常无病，清巢力强，群势强盛，蜂王产卵量大，工蜂采集力强。

如果连蜂带箱一起购买，还要查看一下蜂箱的外观颜色、尺寸、质量、新旧程度等，选择那些用过一两年、既不太新也不太旧（中蜂通常不喜欢新做的蜂箱），蜂箱尺寸符合标准，箱体牢固无破洞及破损，蜂箱盖和蜂箱体开合吻合，巢门开关严实，副盖纱窗网无破洞的箱体。

（二）查看工蜂

对那些待购蜂群进行开箱检查，先查看工蜂的表现。工蜂应个体较大而颜色鲜亮正常，则该群工蜂遗传性状好，没有染病；在开箱后工蜂正常工作而不惊慌，不乱蜇人，则该群工蜂性情温驯，易于管理操作。

（三）查看蜂王

好的蜂王应体大、足粗、胸宽，腹部长而丰满、尾末略尖，全身密被绒毛，开箱时仍正常产卵，行动稳健不惊慌。再查看蜂王新产的卵，卵圈应整齐成片，一房一卵，卵粒正直。这样的蜂王一般年轻而产卵力强，能维持较大的群势。

（四）查看子脾

揭开箱盖后，不能闻到难闻的气味，否则说明蜂群可能有病，不宜购买。从蜂巢中央位置抽出数个巢脾，查看上面的卵、小幼虫、大幼虫及封盖子应日龄一致而整齐成片，不能有"花子"现象。封盖子不能有穿孔、塌陷、昏暗等病征，幼虫也不能有变色、变形、变味等病征。

（五）查看巢脾

巢脾要新（色浅）而不能太旧（色深而发黑），脾面上的蜂房中雄蜂房的比例要少。脾的边角要有蜜有粉，位于蜂箱两边的边脾上的储蜜要足。

四、购蜂的数量

对初学者来说，切忌贪多，一般买3～4箱，最多买10箱就足够了。养蜂是个实践性、经验性很强的技术活，只看书是解决不了问题的，要逐步学习、摸索和实践，得出自己的经验后再扩大饲养量也不迟。

购蜂时，每箱蜂早春不能少于2框。夏秋应在5框以上，并有相当比例的子脾（蜂量为5框的蜂群，应有子脾3～4框），其中的封盖子脾至少应占50%。此外，在每张巢脾上，必须有不少于500g左右的储蜜，以防刚买进的蜂群就面临挨饿的危险而不得不喂糖。

第六章　养蜂场地的布局

第一节　养蜂场地的选择

不是随便找块空地就能当成蜂场场址开始养蜂的。合格的养蜂场地至少要符合两点，一是为中蜂的采集活动提供必要的物质基础，二是为养蜂人员的工作与生活提供基本保证。标准养蜂场地应具备下列条件。

一、蜜粉源丰富

蜜粉源是影响选址最重要的因素。由于花朵几乎是蜂群唯一的食物来源，可以想见，在没有花朵或花少的地方养蜂，蜂群本身要获得足够的自身消耗饲料都会十分困难，更别说为饲养它们的养蜂人提供多余的蜂产品了。所以了解和掌握附近的蜜粉源情况，是养好中蜂的基础工作，必须在购买蜂群之前就认真而细致地实地亲自调查。一般来说，植物种类多、面积大、人类开发程度低的地方符合要求的可能性较大。道理很简单，只有植物开花，植物多而面积大，其中存在开花并泌蜜的植物的可能性就大；而人类在开发活动中砍掉了不少自认为"无用"的野生蜜粉源植物，且周围生态环境的恶化也或多或少地影响到植物的泌蜜习性。在初步选好植被丰富场地后，要调查落实当地植物的种类和相应的面积，看看其中有哪些是蜜粉源植物，每种蜜粉源植物的面积有多大，每种蜜粉源植物的开花泌蜜时间及泌蜜量的大小、有无大小年等。要多向当地的农户、蜂农请教询问，山上有哪些主要树种，田里偏爱种植的农作物有哪些，当地有没有人养蜂，蜂蜜的收成如何等，在攀谈中能掌握蜜粉源的大致情况。为准确掌握蜜粉源的确切情况，最后还应亲自到蜜粉源植物的现场去核实一下从他人处了解的情况，并查看它们的树龄、长势等，做到心中有数。

一个合格的养蜂场址，要求在场地周围2.5km半径范围内，全年至少要有1～2种大面积的主要蜜源植物（平均每群蜂数亩至十数亩）来生产商品蜜，还要有十几种到几十种一年四季花期交错的小面积辅助蜜源以维持蜂群的基本生活。

二、背风向阳，地势高、干燥

在确定蜜源的丰富度后，要寻找一个比较理想的放置蜂群的场地。要求场地的西北面最好有小山、院墙或密林遮挡，即场地背面有挡风屏障，防止冷风吹入蜂箱中；场地的地势要高而干燥，不积水、不潮湿，防止蜂群和人员受地下湿气的侵袭而生病。如果是在山区，可选在山脚或山腰南向的坡地上。不宜在高寒的山顶，或经常出现强大气流的峡谷，或容易积水的沼泽荒滩等地建立蜂场。

三、气温稳定，小气候适宜

小气候是受植被、土壤性质、地形起伏和湖泊、灌溉等因素影响而形成的。养蜂场地周围的小气候特点会直接影响中蜂的飞翔天数、日出勤时间的长短、采集粉蜜的飞行强度以及蜜源植物的泌蜜量等。所选场地前方要地势开阔，利于中蜂的起降和飞行；场地内光照充足，有利于低温时的保温和人员的工作采光；场地中间最好能有稀疏的小树遮阴，免遭夏日炽阳的暴晒，并能享受夏日里吹来的凉爽南风。

四、清洁安全的水源

蜂群和养蜂员的生活都离不开水。场地附近要有对人和中蜂都安全而清洁的水源，最好是涓涓小溪或小河、小渠的清澈活水，既可供中蜂安全地采水，人员用水也卫生方便。但蜂场的前面不可紧靠水库、湖泊、大江、大河等大面积水面，这样的水源中蜂采水时无处落脚，而水面上时有大风，会将飞过的中蜂刮入水中溺死（包括婚飞时的蜂王）。在工厂排出的污水源附近不可设置蜂场，以免中蜂中毒。

五、环境安静安全

首先，蜂场要与车道和人行道有一定的距离。要远离市场、工矿、采石场、铁路、学校等人声嘈杂之地。中蜂是喜欢安静、怕振动、怕吵闹、怕烟火的昆虫，即使是性情温驯的中蜂，久待于高分贝噪声之下，也会变得凶暴不安，容易蜇人，使人和蜂相互干扰和影响；蜂场附近也不能有牲畜打扰；其次，中蜂对环境安全的敏感性很高，化工厂、农药厂、农药仓库、高压变电站、强磁场附近，刚使用过农药的农田等处不能放置蜂群；再者，不能在糖厂、果脯厂等使用糖类为原料的工厂或香料厂附近放蜂。因为中蜂会情不自禁地频频光顾采糖，这是天性。这样不仅影响工厂的生产，蜇伤其工作人员，还会引起中蜂的伤亡损失。最后，还要留心周围是否有洪水、塌方、猛兽、胡蜂等的威胁。

六、交通方便快捷

无论是买入生产生活资料，如蜂机具、人员的衣食住行必需品等，还是卖出生产的各种蜂产品，如蜂蜜、蜂胶等，都比较方便。然而常常在交通便利的地方，蜜粉源往往也破坏得比较严重。当蜜源和交通不能两全时，首先应重点考虑蜜粉源条件，同时兼顾蜂场的交通条件。

第二节　养蜂场地的布置

一、蜂场布置的基本原则

蜂场在转地时，在某个地方停留的时间很短，一旦花期结束，就会转运到下一个蜜源地采集，所以养蜂场地多半都是临时性的。养蜂员一般是租赁当地农户的空房作暂时居所，更多的时候甚至就在蜂场中搭建一个帐篷，因地制宜地安顿自己的日常生活。如果地方太小，蜂农往往会围绕帐篷把蜂群一箱挨一箱地排成圆形或方形，在小地方就能凑合住下。而如果是一个定地饲养的蜂场，或者是一个年年都要去放蜂的场地，则应逐步建立一些方便人员和蜂群生活的基础设施，如宿舍、食堂、卫生间、蜂蜜仓库、蜂机具保管室等，较大的蜂场甚至要建起办公室、车库、澡堂、蜂产品加工车间、蜂具加工厂等，这些投入可以改善人员起居条件及蜂群生产条件，提高生产效率及生产水平。由于永久性蜂场要求的条件比较严格，因此，在进行周密调查了解情况后，还应将蜂群放在预选的地方试养2～3年，确认符合要求以后，再进行基础设施建设。

这种永久性蜂场的建立要遵循的原则，第一是"勤俭节约"，根据蜂场的生产规模和发展计划，建起的各种设施够用好用就行，不可盲目贪大贪多，也不能没有前瞻性地刚建好没几年就不够用了。第二是"互不影响"，即生产设施和生活设施不能相互影响。一般要使两者之间保持一定的间隔，比如，人员居住区的灯光不能照射到蜂箱的巢门，否则中蜂会循着灯光黑夜里飞出蜂巢而造成损失；再如，加工厂的机器噪声或震动会影响中蜂的正常生活及采集，大功率喇叭、电磁设备也不能离蜂场太近，以免干扰中蜂的飞行及定向导航；第三是"实用方便"，所建立的各种设施无论对中蜂还是对蜂农，都应简单而实用，既便利于蜂农对蜂群的管理操作，又便利于中蜂识别本群蜂箱的位置及飞行活动。例如，蜂场中设置的中蜂饲水器，既可以满足中蜂安全采集清洁水源的需要，也可以满足蜂农生活及生产用水的需要。第四是"逐步建设"，有些设施很急，有些设施则可以从缓，要有规划性和发展性。此外，对中蜂需要的蜜源植物，不能只依赖现成的种类和数量，应在修缮公路防护林带及人行道种植树木，或者改善美化居住环境时考虑种植一些蜜源植物，既可改善居住条件，又能不断增加蜜源资源，使蜂群的日常饲料供应得到保证，并增加蜂产品的产量。再者，为防止夏日太阳对蜂箱的暴晒，可在蜂场有计划地种植一些木本植物，或搭建凉棚并种植藤本植物攀爬于棚上，为蜂群遮阴。

二、蜂场布置的方法

（一）蜂群数量

一个蜂场放置的蜂群数要根据蜂种和蜂场的地势及大小等来决定。一般以百群以内为宜。意蜂可多放置一些，中蜂要少放一些。

（二）场间间距

蜂场与蜂场之间至少应相隔 2000m，以免相互干扰，传播疾病，并减少盗蜂发生的机会。

（三）靠近蜜源

一般来说，蜂场距离蜜源越近越好，这样中蜂采集的效率高。注意把蜂场设在蜜源的下风处或地势低于蜜源的地方，使中蜂空身逆风或爬高飞行，满载后顺风或降落飞行，节省体力。

（四）防止中毒

对花期施用农药的蜜源作物，蜂群要放在与之相距至少 50m 以外的地方，以减轻中蜂农药中毒的程度；此外，存在有毒蜜源的地方不能作为养蜂场的场址。

（五）清理场地

新开辟的养蜂场地，首先要铲除杂草，平整土地，清除垃圾，才能摆放蜂群。蜂场一旦开始使用，每天都应保持好卫生状态。

（六）编号记录

养成编号记录的好习惯，即给全场所有的蜂群一一对应编号，每群蜂都要建立档案，进行定期跟踪记录。这样看起来似乎很麻烦，实际上每群蜂的一般情况都有案可查，可免去很多不必要的检查等管理工作，反而能比较轻松地管理好蜂群。就拿进场后摆放蜂箱来说，在蜂群没有运到以前，就应将各箱的具体位置预先按编号设定好，蜂群进场后按号摆放即可。如果蜂群运到后随意摆放，当蜂群密度较高时，就可能出现将来管理时经常把有问题蜂群记错的情况。而蜂箱一旦放好，再搬动就很麻烦，因为中蜂此时已经固执地记住了本群蜂箱在周边环境的确切位置。以后箱位移动，不少中蜂就因找不到家而无法顺利回本群，进而错投他群。更严重的是，如果这种情况发生在缺蜜季节，可能会因此而引发盗蜂。

（七）蜂群间距

在场地较大时，蜂群应放开一些为好，可采用单箱单列或双箱单列的排列方式，即单群或双群为一组，各组排成一行；如果场地比较拥挤，则只能采用双箱多列或三箱多列的排列方式，即双群或三群为一组，多组排成一行，全场再排成多行。群与群之间的距离最好不少于 0.5m，组与组间的距离不少于 1.5m，行与行间的距离不少于 2.5m。此外，交尾群或新分群应散放在蜂场边缘，群与群间距宜大。

（八）巢门朝向

不同的蜂种认巢力不同。意蜂认巢力较强，可相对集中摆放，巢门多朝向南方，或偏南的东南或西南向，可使中蜂提早出勤，并有利于低温季节蜂巢的保温；中蜂认巢力较差，宜散放，亦可 2～3 群为 1 组，分组放置，各群或组之间的距离宜大，且各群的巢门朝向要各不相同，有的朝东，有的朝西，有的朝东南，有的朝西北等。为帮助中蜂识别记忆自己蜂箱的位置，可利用地形的特点、标识性地物、人工标记物及不同蜂箱颜色等手段，尽量减少中蜂迷巢的可能性。

（九）垫高箱体

蜂箱直接放在地上，蜂群易受地下湿气侵袭而生病，也容易受到蚂蚁、蟾蜍、行军虫等敌害的攻击，所以箱体至少要用石头、砖块垫高 20cm，也可打下木桩。放置箱体时要前低后高，可以防止雨水倒流入蜂箱内。箱体垫高后一定要左右放平稳，使巢脾保持与地面垂直，并防止风吹或人员不小心将箱体吹翻或碰倒。

（十）巢门开阔

巢门应面对空旷之处，使中蜂进出无阻。不可面对墙壁或篱笆等障碍物。箱前如有不时长高的杂草，要随时铲除。

第七章　中蜂蜂群的日常管理技术

第一节　蜂群的检查

一、蜂群检查的目的及内容

无论是哪种检查方法，我们想要了解的蜂群情况最主要的有以下几种。第一是储蜜的多少，我们简称为"蜜"。没有储蜜的蜂群是无粮之兵，不立刻解决（补助饲喂）就会逃走或饿死；储蜜够蜂群自用，可以不用饲喂，但也不能取，否则就是杀鸡取卵；储蜜丰足，除蜂群自用外还有富余，则富余那部分可以取，那就是对养蜂人辛勤劳动的犒赏。第二是蜂王是否还健在，产卵情况如何，我们简称为"王"。只有蜂王健在并产卵良好，蜂群才能生存下去，才是一个正常的蜂群；如果失王，或者产卵异常（不产卵、不产受精卵、产卵量过低），要尽快介绍新王或换王，否则该群蜂就会越养越少，最后全群覆灭。第三是巢脾数量与工蜂的数量配比是否合理，我们简称为"脾"。巢脾既是中蜂的"住房'，也是工蜂的"生产车间"或"储藏仓库"或"幼儿园"，每张脾都需要配备一定数量的"工人"来打扫、工作及照看，如果蜂少脾多，劳动力不足，位于蜂巢最边缘的巢脾就会无蜂照看，脾上的蜂蜜、花粉等食物就可能变质，幼虫就可能挨饿。因此，应抽出多余的脾，减轻群内工蜂的负担；反之，如果蜂多于脾，就像人多活少的工厂那样，部分工蜂就可能无事可做而暂时"失业"，从而浪费了宝贵的"蜂力"资源，因此应加入巢脾；如果蜂和脾的配备正常合理，养蜂术语称为"蜂脾对称"，既符合蜂群的生活需要，也符合养蜂员的要求，则蜂群的劳动效率就会较高，能生产较多的蜂产品。第四是中蜂幼子的发育情况是否正常，有没有发病或营养不良，我们简称为"子"。如果无病、无营养不良，中蜂的小幼虫、大幼虫及封盖子就会发育正常良好，蜂群的未来就有希望，养蜂员的收获也有了希望；而如果蜂子生病或营养不足，下一代的劳动力就可能短缺，蜂群的前途就会堪忧，因此应防治疾病或补充营养，并实行消毒及隔离等措施，防止疾病蔓延到其他蜂群中。

当然，除了上述 4 个方面的内容，蜂群中还有不少其他情况，如是否存在分蜂热、是否有敌害鼠害作祟、有多少工蜂、巢脾是否过久而该更换等。要了解这些详细情况，可通过下面介绍的全面检查的方法来解决。

二、蜂群检查的次数

对蜂群不断变化的情况做到基本能随时了解和掌握，才能有针对性地采取正确的相应管理措施，维持和保护蜂群的发展，并获得较为理想的收成。但蜂群的检查并不是越勤越好，有些初学者每天都开箱查看，本意是想养好蜂而"勤快"地反复查看，生怕照顾得不细致而出现问题，这样势必会过分地干扰蜂群的正常生活及采集。在一般情况下，蜂群在繁殖季节 7d 左右检查 1 次即可；即使是情况多发时期，3～4d 检查 1 次就能满足需要；而在缺少蜜源时，应减少检查次数，并在早晨或傍晚时分检查。检查时间要尽量地短，且不能在箱外留下巢脾、蜂蜜的任何残屑残液，以免造成盗蜂；在流蜜期检查时要避开中蜂出勤高峰期，以免影响中蜂的采集；在蜂群的婚飞期，不要在蜂王交尾的高峰时段开箱，以免婚飞中的蜂王错投他群而被围杀。如果开箱后看到蜂王飞出，要立刻停止操作，敞开箱盖，人退到蜂箱较远处，待看到蜂王飞返后，再盖好箱盖。

三、蜂群检查须知

第一，如果不是实在找不到人，最好不要一个人单干，那样太累、太低效。即使是找个不会养蜂的人，只要能写字的就行。一人检查，一人记录，效率不止提高 1 倍。

第二，每次检查都要把每群蜂的各项详细情况，按照编号——记录在案，特别是做全面检查时，更应如此。不仅是不会遗忘，还能把各群的繁殖、采集、健康、习性等特点反映出来，准确把握蜂群的变化规律，做好管理工作，也能够从各群中选择优良种群以培育下一代优质蜂王。检查记录可采用特制的表格记录，如表格 7-1 所示。

表 7-1　蜂群检查记录分表

群号：　　　　　品种：　　　　　　　　　蜂王出房　　年　　月　　日

检查日期	巢脾框数	子脾框数	空脾框数	饲料（足框）		群势（足框）			发现问题与工作事项
				蜜脾	粉脾	蜜蜂	卵虫	封盖子	

记录者：

第三，尽量少挨蜇。中蜂不好惹，个头虽小，但被蜇会很疼。尤其是初学者，如果每次与中蜂见面都会被中蜂"蜇刺"一番，日久必生畏惧、反感之心，不利于搞好养蜂工作。

合理而规范的操作行为和动作是什么？首先，衣服要色浅而干净，如白色、浅蓝、浅绿等颜色的衣服，最好是穿上专门的工作服。衣服上还不能有汗臭、酒味、鱼腥味等异味。如身着深色毛质而又带异味衣服，中蜂会误认为是黑熊一类的天敌，通常会立刻发动进攻。除衣服上不能有异味外，身上也不能有异味，包括汗味、酒味、蒜味、香脂香水味、脚臭味等，最好能在洗完澡后，穿好工作服，带上面网，袖口和裤管用松紧带或橡皮筋扎起，再进蜂场。其次，进入蜂场后举手投足都不要动作幅度太大、太猛烈，中蜂对移动迅速的物体反应敏感强烈，而对不动的物体可能会视而不见，所以不能用手挥赶脸前飞舞的中蜂，不能在蜂场内跑动、跳跃；不能站在巢门前挡住中蜂飞行的路线。再者是操作动作要轻而稳。中蜂怕震动，无论从事哪项操作，都要轻拿轻放。如果开箱、提脾时磕磕碰碰，甚至不小心在脾间磕死或在盖副盖、大盖时压死中蜂，中蜂就会发怒。由于声音也是一种震动波，所以在蜂场内不能大声说笑、喊叫、唱歌，不要踩脚或用力敲砸地面、捶打树干等。再次，有的蜂种本性就十分凶暴强悍，如果遇到这样的蜂种，可在每次操作前，用喷烟器对准巢门口喷烟数下，让中蜂闻到烟味立刻开始吸饱蜂蜜而变得比较温驯后，再开箱操作。最后，一旦被蜇，切忌扔下巢脾就跑。可迅速轻放回巢脾后，后退数米，用指甲刮出（不是拔出）留在皮肤上的蜇针，再用清水洗净患处，涂上一点碱性溶液，如 3% 氨水、5% 碳酸氢钠溶液或肥皂水等，可中和呈酸性的蜂毒。记住，一定要对患处处理后才能重新回去继续操作，否则可能招致更为猛烈的攻击。被蜇后虽然很疼，但蜂毒一般对人体无副作用，还能防治风湿病等疾病。

第四，开箱检查要在气温不低于 14℃ 的晴天，夏天则应在比较凉快的早晨或傍晚进行。阴雨天一般不能开箱，否则中蜂易怒且易诱发蜂病。如果是晚上的紧急检查，要使用红色光源照明。

四、开箱检查的步骤

第一步，检查人员带上必要的起刮刀、喷烟器等工具，站在蜂箱一旁，要背对太阳或风口，打开蜂箱后可借自己的阴影或身体为中蜂挡住阳光的直射或寒风的吹入。

第二步，揭开大盖。轻轻揭开大盖，再把大盖轻轻倚靠在后箱壁旁侧，或翻转后放在身后平地上。

第三步，揭开副盖，如果副盖被蜂胶黏住，可用起刮刀沿副盖的周边轻轻撬动一下，再轻轻打开副盖。揭下的副盖应翻转后轻轻斜靠在巢门前端的巢门板上，利于盖上的中蜂顺盖爬入蜂箱内。

第四步，提脾检查，先把隔板移到箱的边缘，再把各个巢框向隔板方向逐一挪松一下。如果巢框被蜂胶或蜂蜡固定，也可用起刮刀撬松后再提脾。撬脾时用力要适度，并注意动作不能过大，防止巢框猛烈的位移而引起的震动，以及脾与脾的碰撞挤伤、挤死脾间的中蜂。

对预查看的巢脾，须用双手的拇指和食指用力捏住左右框耳，轻轻垂直提出蜂箱。边查看脾面上各项情况，边目测并口报各项数据让记录员记下。查看完一面后，如要再察看另一面时，标准的操作是，先一手向上一手向下地转动90°，再以框上梁为轴转动180°，最后沿着巢脾平面方向，转回90°，这时整张巢脾转到上梁的上方，即可查看另一面的情况。恢复时的动作则是刚才翻转动作的反动作。这样操作，主要是为了防止操作中巢房内的花蜜外流和花粉外落。

在整个检查过程中，提出的巢脾都要在蜂箱的正上方查看，以免蜂王从脾上掉落到地下而失王。

如果在检查中发现问题，应立即处理。如果时间来不及，要登记记录，并在相应的蜂箱上做上记号，并尽快抽时间完成处理。

第五步，复原蜂箱。检查完蜂群后，一定要按原样复原。先把各脾逐一向蜂箱的一边（一般是放隔板的反方向那一边）靠拢，保持各脾间及脾与箱壁间的正常蜂路（8mm左右），最后靠拢隔板（也要与巢脾间保持好蜂路）；然后盖上副盖和大盖。盖副盖和大盖时，如果有中蜂在箱的上沿停留碍事，应将它们用蜂刷刷干净，或轻轻磨动副盖、大盖将其赶开，才能盖上盖子，否则会压死中蜂。

五、蜂群检查的方法

检查蜂群时，目的性要非常明确。每次检查，都应做好记录。蜂群的档案不仅是其群体动态的数字化定量表述，是了解蜂群的最重要依据，更是作出各种正确决策和采取合理措施的根据。在进行检查之前，可先翻看一下记录，心中对各群有个大致的了解，然后再有针对性地重点查看某些蜂群。特别注意检查上次检查中的问题群，如失王群、缺蜜群等，在采取相应措施后是否已恢复正常。

如果只想了解蜂群的某些情况，如外界缺蜜时蜂群的储粮是否充足，或疫病流行季节蜂群是否发病，或流蜜季节蜂群是否能有所收获等，不一定要逐一开箱查看每一张巢脾，可以只检查蜂箱中的部分巢

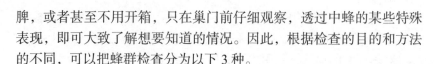

脾，或者甚至不用开箱，只在巢门前仔细观察，透过中蜂的某些特殊表现，即可大致了解想要知道的情况。因此，根据检查的目的和方法的不同，可以把蜂群检查分为以下 3 种。

（一）全面检查

即逐一打开全场每一个蜂箱，并对各群的每一张巢脾进行仔细检查，做好记录。这样的检查，掌握的情况非常全面详细，但耗费的时间较多，故一般在采取重要技术措施，或蜂群发生较大变化时使用。例如，在越冬前给蜂群定群，了解各蜂群内的越冬储蜜是否充足，中蜂的数量是否足够，是否及时停卵断子，有无蜂螨危害等情况时，需要进行全面检查；再如越冬后考察蜂群的越冬效果，了解各群剩余中蜂、储蜜的数量，越冬死亡率高不高及引起死亡的原因，为紧接着的春繁工作作准备，需要进行全面检查；又如，在大流蜜到来前组织采蜜群；在长途转运前后调整蜂群；在分蜂季节预防自然分蜂；在疫病治疗前后了解疗效等，都需要对蜂群进行全面检查。

全面检查时可两人一组，一人操作一人记录，并定时更换角色，这样可防止检查者视力及体力疲劳，提高准确性和效率性。

在正式操作之前，需要对操作者事先进行一段时间的基本功训练，方法是：用一个与巢框内径大小相同的木框（也可以就用空巢框），中间拉上 24～26 号铁丝，把该木框的内径分为 10 个同等大小的正方形。然后在查看每张巢脾时，把该木框比在巢脾的上面，如果该木框下面的待观察对象（即蜜、粉、幼虫、封盖子、中蜂等）占满该框的一个正方形，即记为 1；占不满的，可目测把若干个不满格拼凑成一个格，也记为 1。这样，一般经过 7d 的训练，就可以即使不再比上木框，眼中也如同有木框比着那样，较为准确地报出各巢脾上中蜂、蜂蜜、花粉、幼虫、封盖子的数量。所以如果你到蜂场里，看到养蜂人正在进行蜂群检查，耳中听到的就会是"蜂：9；蜜：3.5；粉：3；虫：3.5"这样的术语，其缘由就在这里。

全面检查，顾名思义，蜂群中的任何一个细节都不能放过。巢脾上有时中蜂扎堆，看不到被它们挡在身下的那部分巢脾的情况，此时可用手轻拂驱赶，待挡住视线的中蜂走开后，再仔细看清报数。在分蜂季节，要特别留心每个脾的边边角角，以免错过漏过王台，最终发生分蜂而损失蜂群；在疫病高发期，要仔细查看巢脾上的幼虫体形、颜色是否有变化，是否有"花子"现象，并嗅嗅脾面上的气味是否异常而发臭发酸等。总之，要尽量做到准确（无误）、快速（对蜂群干扰小）、详细（不遗漏）、轻捷（动作轻而快，对中蜂影响小），这有待养蜂人的反复操作实践及经验积累。

（二）局部检查

如果每次检查都是全面检查，时间和精力都是不允许的，也没有这个必要。一般来说，蜂群在每年的相同季节里发生某种特定问题的可能性很大，而发生另一些问题的可能性则很小，尽管也有例外的个案。因此，在不同时期，重点查看蜂群出现概率高的问题，而忽略其他出现概率低的问题，这就是局部检查的目的性或针对性。局部检查的效率高，准确性也能基本保证，且对蜂群的干扰也较少，是一种经常使用的检查方法。

由于中蜂储蜜有向上、向两边集中的习性，因此如果要查看蜜的情况，可开箱后抽出最边上的那张脾（边脾），看上面有无较多的储蜜，或查看第三张边脾（从边上往中央数的第三张脾）的上角处有无封盖蜜即可。如果答案是肯定的，则说明蜂群的蜂蜜储备短期内够用；而如果答案是否定的，则说明该群储蜜不足，需要补充；如果查看的情况比够用还多出不少，则说明储蜜有富余，只要不是缺蜜季节，可适当取出部分享用。如果框梁上和巢脾上出现部分白色新蜡，说明外界有较大蜜源流蜜，可考虑加脾或加继箱。

如果要查看王的情况，则要抽出位于蜂巢中央的脾查看。之所以抽中央脾，是因为蜂王主要在巢中心的子圈范围内活动产卵，在这里看到蜂王及其产卵情况的概率最大。由于只有1只蜂王，且开箱后蜂王常往工蜂堆里躲藏，因而想直接见到蜂王有时会费一番周折仔细寻找，如果时间紧迫，不一定非看到蜂王不可，只要能在抽出的脾上看到成片的卵或小幼虫，则表明蜂王健在且产卵情况良好；若无卵及无各龄蜂子，有工蜂在脾上或框顶上惊慌爬动扇翅，应怀疑已经失王，可从他群抽调一小幼虫脾加入巢中试验。如果24h左右即发现该卵虫脾出现改造王台，则可确定蜂群已经失王，而如果未出现改造王台，则蜂王的产卵表现不佳，应立刻找到蜂王并查明原因，并做好介绍新蜂王的准备。

如果要查看脾的情况，应抽出第二边脾（次边脾）查看。如果该脾上的中蜂数量达到80%～90%，脾上的子圈范围也达到了边缘巢房，则说明蜂多脾少，应加入一个巢脾；而如果该脾上的中蜂不足40%～50%，脾上没有蜂子，则说明脾多蜂少，应抽出一个巢脾。抽脾时如果有空脾就抽出空脾，无空脾则抽出半空的蜜脾，不能抽子脾。至于蜜脾上的蜜，可让中蜂先搬光后再抽走，方法是将待抽出的蜜脾表面喷上一点稀蜜汁以吸引中蜂，然后放在隔板外侧，一般经过一个晚上，中蜂就能把上面的蜜搬入隔板内的其他脾上；也可以干脆用摇蜜机把脾上的蜜摇出，再放回原蜂群的隔板外侧，让中蜂清理干净后抽出。

如果要查看幼虫的情况，可抽出位于蜂巢中央的巢脾查看。因为蜂巢的中央脾一般也是蜂群子圈的中心，其上面的巢房基本只用来培育新蜂而很少用于储蜜储粉，故而在中央脾上看到的幼虫数量比边上脾的要多，也更具有代表性。如果看到幼虫成片而日龄一致，且显得滋润、丰满、鲜亮，看到封盖子整齐，无花子，则说明蜂子发育正常；而如果看到的幼虫干瘪、变形、变色、变味，封盖子上有明显的花子，穿孔、油光、塌陷等症状，则说明蜂群已患上幼虫病。或者，进一步检查蜂群的饲料储备情况，如果发现缺蜜严重，则也可能是因饥饿而导致幼虫发育异常。

（三）箱外观察

箱外观察就是不打开蜂箱，仅凭站在蜂箱边对中蜂的各种巢外活动及表现的观察，来推测蜂群的基本情况。一般是在遇到不适宜开箱的情况，或时间很紧张时，有经验的蜂农即使用箱外观察的方法来大致了解蜂群内部的现状。这种方法最省工省时，效率很高，但没有若干年的经验积累，准确性无法保证。因此平时应有意识地自我训练这种技巧，即在每次开箱检查之前，先用箱外观察的方法大致判断各蜂群的基本情况。为防止遗忘或混乱，要做点简要记录，然后再开箱检查。最后把观察和检查的情况进行对比，计算一下观察的失误率有多高。对不正确的观察，应分析原因，总结经验教训。在不断的训练中，如果每次的观察准确性都能有所提高，就能逐渐熟练而准确地运用箱外观察的技巧，这对减轻劳动强度，提高工作效率很有帮助。

1. 群势

这个比较简单，从单位时间内进出巢门的中蜂数量即能基本判断出来。如果细心一点，可用秒表卡算一下每分钟内进出的中蜂数量，则得到的结果更加准确。

2. 蜂王

如果蜂王正常，蜂群中的工蜂一般都会正常出巢采集；而如果某群蜂在其他蜂群都忙于采集时，却出入很少，无花粉带归，有的工蜂在巢门前踱步式爬行或扇动翅膀，则该群蜂很可能失王。

3. 储蜜

把蜂箱提起来掂一掂重量，感觉沉重则说明储蜜充足，反之则可能缺蜜或储蜜不足。如看到工蜂从巢门拖出幼虫，或工蜂驱赶雄蜂，则蜂群缺蜜已十分严重。

4. 分蜂热

全场蜂群都出入频繁，表现出采集蜜粉的兴奋性；但个别蜂群却异常地冷清，起降中蜂数量很少，工蜂怠工，有时能看到大量工蜂在巢门板前彼此勾搭而集聚成串状的"蜂胡子"，则该群中蜂已然形成分蜂热。

5. 中毒

蜂群突然变得异常凶暴好螫，中蜂飞行轨迹异常而呈盘旋状，蜂群巢门前有大量死蜂和将死的采集蜂，有的足上还携带花粉团。死蜂翅散开，喙伸出，腹勾曲；将死之蜂在地上翻滚打转乱爬，这是农药中毒的症状。

6. 盗蜂

在外界蜜源稀少缺乏时节，中蜂外出很少。若某群蜂群异常地繁忙，就如同外界有较大蜜粉源采集那样，这很可能是作盗群；有的蜂箱前腹部勾起的死蜂较多，并能见到工蜂捉对厮杀，则该蜂群是正在遭受盗蜂袭击的被盗群；若见到某弱群的工蜂异常地出入很多，且进巢工蜂腹部小而出巢工蜂反而腹部大的反常情况，则表明该弱群的防卫线已被盗蜂攻破，作盗群正忙着搬运被盗群的储蜜。

7. 螨害

在繁殖季节，若某些蜂群巢门前不断出现体弱小、翅残缺、不能飞行的幼年中蜂，说明有蜂螨危害。

8. 胡蜂

在夏秋两季，蜂箱前有大量缺翅、断足、无头的工蜂尸体，则该群蜂不久前曾受到胡蜂的攻击。

9. 下痢

巢门附近、蜂箱上及蜂箱四周到处有棕黑色发臭粪便，有的中蜂体色深暗、腹部胀大、飞行困难、行动迟缓，这是蜂群下痢的症状。

10. 鼠害

在冬季或早春时，蜂群箱内和巢门口有碎蜂尸、蜡渣，巢内散发出臊臭气味，蜂箱壁或巢门板上有咬洞，说明箱内有老鼠危害。

11. 闷热

夏季，不少中蜂在巢门前扇风；傍晚时许多中蜂在巢前聚集成堆挂起"蜂胡子"，表明蜂箱内通风不良，拥挤闷热。

12. 进蜜

白天，全场蜂群都很忙碌；晚上，中蜂扇风酿蜜之声清晰可闻，彻夜不停，表明蜂群进蜜量丰富。

13. 闹巢

天气晴暖日，每群蜂的巢前都有数十只青年工蜂在蜂箱前盘旋飞舞，从各个方位认识记忆自己蜂巢在周边环境中的具体位置。尤其是午后 14:00—17:00 时段，飞行中蜂数量达到高峰时，蜂场内中蜂飞行之声不绝于耳，十分喧闹，养蜂术语形象地称之为"闹巢"。

第二节　蜂群的饲喂

不像大多数人类饲养的家禽家畜那样，如果没有人类的供食就可能饿死。中蜂以花为生，采集花朵中的花蜜和花粉而酿造成蜂蜜和蜂粮（蜂花粉）为食，其生活自理性极强，即使没有人类的照看，它们也能完全自食其力。但既然大部分中蜂属于人类饲养的昆虫，其与完全野生的中蜂的生活是不尽相同的。这种不同主要表现对蜂群中的食物，养蜂员应本着"该取则取、该喂则喂"的原则，正确处理好生产蜂产品与饲养蜂群的关系，即当蜂群内的食物充裕时，人类可以从中蜂那获得那些多余的部分来作为自己的产品；而当外界蜜粉源匮乏或间断，或者是因人为地过分取蜜而使蜂巢内饲料贮存不足时，中蜂又能得到人类的饲喂和帮助，从而渡过难关。从这个意义上来说，对蜂群的饲喂是人类对中蜂关爱的最好体现，是维持蜂群正常生命活动和发展所必需的，也是最重要的养蜂管理措施之一。此外，当人类需要中蜂为植物或农作物授粉时，或希望人为地改变蜂群的种群数量以获得更多蜂产品时，也需要通过饲喂的手段来达到特定的目的。饲喂蜂群的方式、时间、数量、次数等不同，所产生的效果也是不同的。

一、喂蜜

蜂蜜是中蜂主要的碳水化合物饲料，是中蜂不可或缺的重要生存物质。根据饲喂蜂蜜的目的不同，喂蜜的方式主要有下列 3 种。

（一）补助饲喂

当蜂群缺蜜而面临饥饿的威胁时，对缺蜜的蜂群喂以大量高浓度的蜂蜜或糖浆，使蜂群能维持生活。这种饲喂方式，就是补助饲喂。常见的情况如越冬前为蜂群准备越冬饲料蜜；南方越夏前为蜂群准备越夏饲料蜜；缺蜜季节对无蜜群补充饲料蜜等，都需要进行补助饲喂。

补助饲喂的特点一是量大，即每次饲喂蜂蜜或糖浆的数量较大，每次每群一般不少于 1.5kg；二是浓度较高，一般是蜂蜜 3 ~ 4 份或白糖 2 份，兑水 1 份，文火煮沸，充分搅拌混匀溶解后，冷却至室温时喂给蜂群；三是次数少，即要求在 1 ~ 3 次就必须喂足。

由于补助饲喂的量较大，饲喂时又多在缺蜜季节，所以一般使用容积较大的内置饲喂器，如全框式饲喂器、框顶饲喂器（适合强群使用）等。一般是傍晚时将蜂蜜加入饲喂器中，到第 2d 天亮前最好能喂完，这样能预防盗蜂的发生。第 2d 傍晚再喂，最后第 3d 傍晚喂完。

（二）奖励饲喂

当蜂群储蜜够用时，依然喂以少量稀薄的蜂蜜或糖浆，借此刺激蜂王产卵和工蜂哺育幼虫的积极性。这种饲喂方式，就是奖励饲喂。常见的情况，如早春蜂群春繁时，秋季培育越冬适龄蜂时，生产王浆时，培育新王时等，都应采取奖励饲喂的方式。

奖励饲喂的特点一是量小，因为蜂群中并不缺蜜，所以饲喂的量不用很大，每次每群在 0.5kg 左右，当天喂能当天吃完；二是浓度低，一般是蜂蜜 2 份或白糖 1 份，兑水 1 份，文火煮沸化开，冷却至室温后饲喂。这样的浓度，与植物分泌花蜜的糖浓度接近。也就是说，奖励饲喂即是人工模拟有花蜜进入蜂群的机制，从而使蜂群受到"外界有蜜"的刺激，蜂群就会本能地增大产卵和育虫的数量来应对这种刺激，这样就达到了提高蜂群繁殖速率的目的；三是次数多，一般是每天 1 次，直到蜂群强盛，外界有较大蜜源流蜜为止。因为奖励饲喂的目的是刺激，所以这种刺激要持续不断，效果才较好。

因为奖励饲喂的量较小，所以使用容积较小的饲喂器，如竹筒式简易饲喂器、瓶式简易饲喂器等就够用。有的蜂农在每个巢框的上梁上事先刨出一个浅槽，每次饲喂时在每个这样的浅槽内加注一点糖浆，就基本能满足需要。此外，如果在奖励饲喂的季节，外界有少量蜜粉源植物开花，一般并不需要像补助饲喂那样严格使用内置式饲喂器，饲喂的时间也并无严格限制。

（三）训练饲喂

饲养中蜂的真正目的不仅是生产各种蜂产品，更重要的是为农作物授粉以增加其产量和质量。但有些农作物所分泌的花蜜很少甚至基本没有花蜜，这样的农作物中蜂是不喜欢采集的。为能给这样的农作物充分授粉，养蜂员需要训练中蜂，让它们到这些它们平时不喜欢采集的植物上采集。其训练方法就是训练饲喂。例如，苹果、梨就属于这样的农作物，为保证它们的产量和质量，当其开花而需要授粉时，就要用到训练饲喂的方式。

训练饲喂所使用的糖浆的量、浓度，以及饲喂的次数和饲喂的方法，与奖励饲喂的完全相同。不同之处在于，糖浆配制好后，要将待授粉植物的花瓣浸渍在糖浆中数小时，待糖浆中充满了待授粉植物的特殊香味后，才能拿去饲喂蜂群。例如，如果要给苹果树授粉，要用2（白糖）∶1（水）的糖浆文火煮沸冷却后，放入苹果花花瓣，浸泡若干小时后，每群蜂饲喂 250～500g。工蜂在吃到这种苹果花花瓣的浸渍糖浆后，即会产生苹果树流蜜丰富的错觉，于是就会到苹果树上采集，从而达到了训练中蜂为苹果树授粉的目的。

由于训练饲喂产生的刺激效果是条件反射得到的，要不间断地反复刺激，才能使中蜂的"苹果树=大流蜜"的记忆不会丢失，并一再到苹果树上采集。一旦终止训练，中蜂就会很快忘记，再不到苹果树上采集了。所以训练饲喂从进入授粉地即应开始，一直到授粉结束时停止。

二、喂粉

花粉是中蜂的主要蛋白质饲料，是中蜂繁殖和发育所需要的重要营养物质。每培育一只幼虫，需要消耗 0.12～0.14g 花粉；一个蜂群每年的花粉消耗量在 15～35kg。一旦蜂群中花粉不足，蜂王的产卵量就会减少，蜂子的发育会因营养不良而受到严重影响，并容易诱发各种疾病，而工蜂的寿命也会缩短，采集力会下降。因此，在外界花粉短缺时节，要及时为蜂群补充花粉饲料。

如果能在花粉高产时机储备需要的花粉脾，补喂花粉就比较简单，只需将储备的花粉脾先用稀薄蜜汁喷湿表面，再直接加入蜂箱中即可。

如果没有储备花粉脾，可用采粉器采集的花粉团，经干燥脱水后密封储存备用。饲喂时先将花粉团开封，加入蜂蜜拌成糕状，其湿度以用手能捏成团而又无水渗出为度。然后在巢框上梁处放一块薄膜，将调好的花粉团放在薄膜上供中蜂采食。饲喂时，可在花粉团上覆盖一块薄膜，以防止花粉团脱水。饲喂的量根据蜂群的群势而定，强群多喂些而弱群少喂些，每群在 100 ~ 300g，以 7d 内吃完为宜，时间过久易干硬、变质。

没有预备的干花粉团时，也可事先人工收集某些风媒花植物的花粉使用，如松树、玉米等植物的花粉。收集的花粉可在干燥箱中以 43 ~ 49℃的温度干燥 4 ~ 5d，再放入薄膜袋中密封保存。使用时，其调制方法同干花粉团的调制方法。

当没有天然花粉时，只好用人工配制的花粉代用品来饲喂蜂群，方法是将一些蛋白质含量高的食品，如鸡蛋、牛奶、黄豆粉、大豆粉、酵母粉、豌豆粉等，与蜂蜜调制成糊状，再用上述使用干花粉团的方法饲喂给蜂群。也可将牛奶、鸡蛋等花粉代用品调入糖浆饲料中，在饲喂糖浆的同时一起饲喂蛋白质饲料。此外，如果要给蜂群喂药，一般也将药剂调入花粉代用品中一同饲喂。

三、喂水

水是生命之源，也是中蜂维持生命活动不可缺少的物质。中蜂的各种新陈代谢，如食物中养料的分解、吸收、运送及其利用后剩下的废物排出体外等，都离不开水。一个处于繁殖阶段的中等蜂群，每天需消耗约 250mL 水。蜂群所需要的水，相当一部分来源于采集的花蜜中附带的水分，但在某些特殊的季节，中蜂往往需要单独采水才能满足蜂群的需要。例如在炎热的天气，蜂群需要将大量的水散布于巢内各处以蒸发带走热量；又如，早春时外界无新鲜花蜜时，为稀释浓稠的蜂蜜以饲喂小幼虫，许多工蜂不得不冒着被冻死在野外的风险外出，飞往水塘、河渠、沟边或潮湿的土壤表面等处采水。若在不清洁的水源采水，还容易引起蜂病。因此，自早春起直至越冬前，应不间断地以净水饲喂蜂群。

喂水的方法可因地、因时制宜。较大的定地饲养蜂场，可制作一个专门的喂水器。方法是将盛水的大桶垫高，其出水口处放置一个略微倾斜的水槽板，水槽板上钉上几根呈"Z"字形的木条，让桶中流出的水走"S"形路线而减慢流速，这样一桶水就够缓慢地流 1d，让中蜂时时都能采到水。为训练中蜂养成在该喂水器的水槽板上采水的习惯，可在出水口处定时滴上几滴蜂蜜，以吸引采水蜂到板上吸水。如果是小型蜂场，可用脚盆装半盆左右的干净沙子，注水至刚淹没沙面即可；也可用饲喂蜂蜜的饲喂器给各群喂水，或用瓶式饲喂器喂水等。在盛夏时节，为减轻中蜂的采水负担，可用空脾灌满水后，放在隔板外让中蜂就近采水。

四、喂盐

与其他动物包括人类一样，中蜂也需要盐。如果缺乏无机盐，中蜂会代谢失常，体重减轻，寿命缩短。为防止中蜂采集不洁盐溶液，应给蜂群人工喂盐。给蜂群喂盐可以与喂水结合起来，在净水中加入0.5%粗海盐，或者在饲喂器的流水板上放置盐袋等。也可以将喂盐和饲喂糖浆结合起来，即在60%浓度的糖浆中，每升加入磷酸氢二钾500mg或硫酸镁725mg，或粗海盐500mg。

第三节　蜂群的合并

一、合并蜂群的意义

蜂群的合并，就是把两群或两群以上的中蜂合并成一个蜂群。在养蜂管理中，蜂群的合并是一项经常使用的技术措施，因为弱群不但抗逆力、生存力、抗病力、生产力差，还容易发生盗蜂及感染病虫害。只有强群，才是获得蜂产品高产的基础。因此，要适时合并那些发展缓慢且管理不易的弱群、无王群、交尾群等。例如，早春把两个弱群合并成一个中等群势的蜂群，则蜂群的增殖速度可大大加快；再如，秋末时合并两个弱群，则它们越冬成功的可能性可增加不少；又如，在缺蜜期前合并两个弱群，可提高蜂群对盗蜂的防御能力等。

二、合并蜂群的原理

每个蜂群就像是一个独立的王国，非本群中蜂是不能轻易进入的，否则就会遭到守卫蜂的攻击，这是中蜂的防卫本能。而要把两个蜂群合并成一个，就必须想方设法克服中蜂的这种防卫本能。经观察发现，中蜂是靠气味来识别其他个体的。由于每个蜂群都有其特殊的气味，我们称为群味。群味是由蜂群的各成员所散发的多种信息素和多种蜂群组成成分（如巢脾、蜂蜜、花粉等）的气味混合形成的。每个蜂群的群味存在差异，而同一群的各成员身上的群味是一致的。所以要把两群蜂合并成一群，首先就要设法使它们的群味趋于一致，然后再合并就不会存在障碍。

三、合并蜂群的方法

合并蜂群的方法主要有两种，即直接合并法和间接合并法。它们主要的不同是因为合并的时期不同，故而所采取的方法也有所不同。但无论采取哪种方法，在合并前都要首先做好合并前的准备工作。

（一）合并前的准备工作

首先，要把准备合并的两个蜂群，用每天相互靠拢一点的办法，逐渐靠拢至彼此不超过1m的距离以内；其次，要检查两蜂群的各项指标，包括中蜂、蜂子、蜜粉的数量及蜂王的有无及新旧等，为确定合并群和被合并群提供依据。确定合并群的原则是群势相对较强，或者是有蜂王，或蜂王相对较新，或蜂王产卵能力较强等。在检查时要留心无王群中有无王台，一旦发现，要立刻毁除；再次，在确定好合并群后，如果被合并群也是有王群，要把被合并群的蜂王在合并前提前1d左右捉出；然后，如果被合并群是无王群，且失王时间较久，群中老蜂较多，要从他群调入1～2框幼虫脾，这样有利于合并的成功；最后，在合并的前几天，最好每天对合并群和被合并群用同样的蜜汁进行奖励饲喂，可混同群味。

（二）直接合并法

这种方法适用于主要蜜源植物流蜜期，或刚经过越冬时期的早春时节。因为流蜜期各蜂群都采集同样的蜜源，浓烈的蜜味使各群群味差异不大；同时蜜源丰富，守卫蜂也放松了警惕。而早春时，中蜂刚刚从休眠状态下苏醒，警惕性也不高。

直接合并法的步骤如下：第一步，把合并群的各巢脾及脾上的中蜂调到箱内的一侧；第二步，将被合并群的巢脾及中蜂从原箱中提出，调到合群群箱中的另一侧，两部分巢脾间要留出一框的距离，或者在中间插上隔板隔开；第三步，向箱内喷一些烟、白酒或蜜汁，混淆两者的群味；第四步，于次日把被合并群的巢脾靠拢合并群的巢脾，并抽出多余的空脾，合并即告完成。

（三）间接合并法

这种方法与直接合并法比较，其安全性较高，但操作相对要烦琐一些，故一般在外界蜜源缺乏时才采用。因为此时没有共采的蜜源的气味，各蜂群的群味就比较突出，要彼此混同比较麻烦。此外，缺蜜期守卫蜂的警惕性也较高，两群蜂混同群味的过程比较长。所以间接合并首先要使两群蜂能有气味的交流但不能有身体的接触，即使有敌意也不能打斗；然后经过足够长时间的气味交流后，彼此的群味慢慢混同，敌意逐渐消除，就能最终完成合并。

间接合并法的步骤如下：第一步，将合并群的巢脾及脾上的中蜂放入巢箱中，在脾上喷一些蜜汁或白酒；第二步，在巢箱上覆盖一张事先打好许多小孔的报纸，或者是装有纱网的副盖；第三步，将一个继箱叠放在巢箱之上，然后把被合并群的巢脾及脾上的中蜂提入继箱中，也在脾上喷一些蜜汁或白酒，最后在继箱上盖上大盖；第四步，第二天，巢箱与继箱间的报纸被上下两群的中蜂共同咬穿后，将被合并群的巢脾调入巢箱中，放在合并群巢脾的旁边，并抽出多余的空脾，完成合并。如果使用的间隔物不是打孔的报纸而是纱网副盖，则看一看纱网上下有没有呈对峙状的工蜂。一般情况下是没有的，说明此时两群的群味已经混同，可取下继箱和副盖，将被合并群的巢脾调入巢箱中合并群的巢脾的旁边，抽出多余巢脾，完成合并；如有，说明敌意仍未完全消除，可再隔离 1d 时间后再合并。

需要注意的是，合并蜂群宜在傍晚进行，这时中蜂大部分已经归巢，而且没有盗蜂袭扰，便于操作。此外，为了保证蜂王的安全，合并时可用蜂王诱入器把蜂王临时保护起来，等合并成功后再放出蜂王。

第四节 蜂王的诱入

一、蜂王诱入的目的

蜂王是一个蜂群中至关重要的成员，它的存在及健康对蜂群的生存及发展有着不可替代的作用，所以在养蜂生产中对蜂王的状况是十分重视的。尽管蜂王的寿命可达到数年之久，但到第二年以后其产卵就渐渐减少，为此，全场每年至少要淘汰掉 1/3 以上的老王，给蜂群介绍新王或"换王"以保持蜂王旺盛的产卵力；另外，在丢失蜂王的蜂群及人工分蜂分出的蜂群中，也需要介绍新王或"诱王""导王"，使蜂群重新恢复正常状态。

二、新蜂王的培育

如果想引进新蜂种，可从种蜂场中订购。这种蜂王价格一般比较高，购买的数量一般不大；大多数情况下是有计划地亲自培育新蜂王，并在蜂王完成交尾后介绍到蜂群中，以取代原来的老蜂王或老王。在自然状态下，蜂群中的蜂王几乎都来源于自然分蜂时培育的新王。每个蜂群各自培育新王，何时培育、新王的数量、遗传性状等均无法控制。为克服这种盲目性，可人工模拟培养蜂王的各种群内环境和条件，使蜂群按养蜂员的要求而培育出生产上比较理想的蜂王。这种人工干预而培育新王的过程就是人工育王。人工育王不仅可筛选出生产性能比较理想的中蜂品种，还能准确地掌握蜂王出房日期，避免发生自然分蜂。

（一）人工育王的原理

一旦台基中存在健康的受精卵或由受精卵发育成的 3 日龄内小幼虫，这个台基就成为一个正在培育新王的王台，保姆工蜂就会认真负责地用自身分泌的蜂王浆哺喂其中的幼虫，并加以精心地照料。如果人工仿制出足以乱真的人工王台而使中蜂无法识别出，则保姆工蜂就会像对待真王台那样对待这种人工王台，并饲喂和照料台中的幼虫，

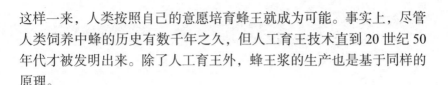

这样一来，人类按照自己的意愿培育蜂王就成为可能。事实上，尽管人类饲养中蜂的历史有数千年之久，但人工育王技术直到 20 世纪 50 年代才被发明出来。除了人工育王外，蜂王浆的生产也是基于同样的原理。

（二）人工育王的用具

1. 蜡碗棒

把一根木纹较细、长约 100mm 的木棒，用车床把任一端车成在距端部 10mm 处直径为 8～9mm，顶端呈光滑半球形的形状。如果把一个自然王台扣在该端口上，则王台的尺寸和形状正好与端口严丝合缝地吻合。也就是说，如果以该端口为模子而铸成的蜡碗，正好与自然王台的形状和大小非常地相像。这根木棒被称作蜡碗棒，用作蘸蜡碗（人工王台的初模，或者人工台基）。

2. 育王框

把一个与巢框大小完全相同的木框，框内径中不是安装巢础，而是由上而下等距离地平行装上 3 根宽 10mm、可以上下转动（方便移虫）的光滑木条。育王框是用来专门安放人工王台的木框，用蜡碗棒蘸出的人工台基就可用蜂蜡粘连而安装在该木框的 3 根木条下。

3. 移虫针

只有人工台基，如果台基内没有受精卵发育成的小幼虫，保姆工蜂也无法哺育出新蜂王。而要想让蜂王按人的意愿到人工台基中产卵，是很难办到的。既然工蜂房中的小幼虫也是由受精卵发育而成，只要能想法把子脾上工蜂房内的小幼虫安全地移到人工台基内，则人工台基就非常像自然王台，保姆工蜂会像哺育自然王台中的蜂王幼虫那样哺育其中的幼虫，最终，新的蜂王就能被培育出来。

移虫针就是用来将工蜂房内小幼虫移植到蜡碗内的工具，可用鹅毛管自制，一头削成薄的尖舌状，用来挑出蜂房中的小幼虫。如果到蜂具商店中购买，则买到的是一种带弹簧推杆的移虫针，其挑起小幼虫的部分用角质蛋白材料（如牛角、羊角等）削成薄片状的舌形，舌形薄片后安装一根装有弹簧的推杆。用舌形薄片从工蜂房中挑出幼虫后，轻推该推杆，即可将舌形薄片上的小幼虫推入人工台基的房底。

4. 蜂王浆

在移虫前把蜂王浆用清水稍冲稀一些，然后用画笔涂抹在蜡碗的底部，这样可提高人工移虫的接受率。

5. 毛巾

涂抹完蜂王浆的人工蜡碗，如果一时来不及移虫，须用干净湿毛巾盖好，以免蜡碗中的蜂王浆干涸而失效。

（三）人工育王的时机

每个蜂场每年的育王时间基本是固定的，这个时间一般是春季或夏季，也可选在秋季，但前提条件一定是在当地蜜粉源最丰富或比较丰富，且外界温度稳定而温暖的时候。此时的蜂群应处于发展高峰期或接近高峰期，蜂王的产卵量大，蜂群哺育蜂子的速率高，工蜂的数量接近顶峰，蜂群已具有培育新王的欲望。

（四）育王种群的选择

1. 母群的选择

母群指的是为培育新蜂王提供受精卵或其受精卵发育成的小幼虫的蜂群。要通过对以往检查记录的统计分析及平时管理中的留心观察，挑选全场表现最好的蜂群作为母群。所谓表现最好，指的是群势最强大、产蜜量最高、性情温驯、抗干扰力强、抗病力强等，尤其是其中的群势、产量、抗性，其表现就算不是最突出，也必须是很突出的。

2. 父群的选择

父群指的是培育与处女王婚飞的雄蜂的蜂群。通常人们只注重母群的选择而忽略了父群的选择工作。其实父群的重要性与母群的重要性是一样的，也就是说好的母群具备了培育优质蜂王的一半条件，另一半则完全依赖父群性状的优良与否，故丝毫马虎不得，更不能不管不问，听任运气的摆布。

父群的选择标准与母群的选择标准基本一致，可结合多年的观察记录来综合考察，选择那些表现一直比较稳定而良好的蜂群作为父群。

父群一旦选定后，凡是非种用蜂群的雄蜂都应予以淘汰，即用割蜜刀将非种用蜂群的雄蜂蛹脾全部割除。只有这样，婚飞中的处女王才能有更高的概率与选定的优良性状雄蜂交尾，从而为子代良好种性的保持提供基本保证。

（五）育王计划及其实施细则

人工育王具有非常准确的时间观念，一旦下一个程序不能与上一个程序准时衔接，则整个换王工作就将陷入被动甚至最终失败，所以事先要根据当地蜂群发展的一般规律、气候变化特点及蜜粉源情况，制订一个比较详细的工作计划，使流程中的各个程序能承上启下地环环相扣，最终圆满地培育出所需要的优质蜂王。

制订人工育王计划的主要依据是，蜂群一年中发生自然分蜂的高峰季节一般也是进行人工分群的时期，此时人工培育的新产卵蜂王必须已经准备妥当，可以在进行人工分群时随时介绍到新分群中。我们假设这个时间是 5 月 4 日前后，则在此之前的 39 ～ 42d，也就是 3 月 22—25 日，育王工作就要开始。第一步，培育种用雄蜂，因为雄蜂的发育及性成熟所需的时间比蜂王要长 20d 左右，故在育王前至少 20d 就必须开始培育雄蜂。此时（3 月 22 日）要做的工作就是让选好的种用父群开始产雄蜂卵。可往种用父群中加入专门培育雄蜂的雄蜂脾，没有整脾的雄蜂房脾时，可加入雄蜂房比例高的巢脾代替；第二步，组织育王群及准备移虫所需的种用母群的小幼虫，这个工作要在移虫前 4d 进行，也就是 4 月 6 日，要将育王群调整为育王状态，并往巢中加入优质（全部或绝大多数是工蜂房、脾龄为 1 年）的产卵脾供蜂王产卵；第三步，预移虫或第一次移虫，在 4 月 9 日要准备好育王框，并在每个人工蜡碗中移入一条孵化 24 ～ 36h 的工蜂幼虫，放入育王群中；第四步，移虫或复式移虫，4 月 10 日将每个王台中的原有幼虫用镊子夹除，并在原幼虫的位置补移一条约孵化 15h 的种用母群小幼虫；第五步，检查王台接受情况，在移虫后的第 2d 即 4 月 11 日将育王框提出，查看王台的接受率，剔除畸形王台或多余王台。一般为保证所需的王台数量，在造台时会比计划数多造一些王台，以备淘汰部分太小或不周正的王台；第六步，检查王台封盖情况，淘汰不正常王台。在移虫后第 5d 即 4 月 14 日检查王台是否正常封盖，若此时仍有王台未封盖，或王台个头小甚至畸形，则应予剔除。而剩下的正常王台要从育王群中提出而放入事先准备的无王群中储备起来，防止王台被破坏或致使育王群发生自然分蜂。在同一天，为预防不测，或者是第一批王台数量出现不足，或有多批次育王打算，一般还要进行备用王台的预移虫或第一次育虫，并在第二天即 15 日进行复式移虫；第七步，组织交尾群。在移虫后第 9d 即 4 月 18 日组织好交尾群；第八步，为交尾群介绍王台。在移虫后第 11d 即 4 月 20 日将各个王台介绍到原来组织好的各交尾群中，第 2d 即 4 月 21 日新王将会出台；第九步，补充介绍王台。在介绍王台后的第 5d 即 4 月 25 日，检查第一批蜂王健在与否，若有失王者，可用此时已封盖的第二批王台为失王的交尾群补充介绍 1 只新的王台；第十步，检查新王的产卵情况。在新王出台后的第 8～9d 是蜂王婚飞的高峰期，新王一旦交尾成功，通常会在婚飞后的 2～3d 开始产卵，故在蜂王出台后的第 10～12d，即 5 月 2—4 日即可查看蜂王的产卵情况。如存在未交尾的老处女王，应予淘汰，并用第二批备用蜂王替代；第十一步，检查后备蜂王的产卵情况。根据同样的时间推测方法，在 5 月 6—8 日，补充介绍的后备新王也已开始产卵。

育王计划制订好后，具体的实施如下所述。

1. 培育种用雄蜂

种用父群的数量要多一些为好，至少应有 5～10 群。在选好种用父群后，其余非种用父群的雄蜂不得再存在，故在此之前就应定期（22d 左右 1 次）割除他群的雄蜂封盖子脾。在计划育王移虫的 20d 前，种用雄蜂的培育工作就必须开始。为保证蜂王能到雄蜂房中产下未受精卵，种用父群的蜂王可以有意选择那些表现良好且蜂王较老的蜂群，这样更容易促使蜂王在雄蜂房中产下未受精卵。先将雄蜂脾加到选好的蜂群中央，两边各放一个幼虫脾，幼虫脾的边上再各放一个封盖子脾和蜜粉脾，其余巢脾可抽到继箱中，人为地造成巢箱中脾少蜂多且无工蜂房可产卵的环境，促使蜂王产下雄蜂卵。待整张雄蜂脾产满后，可放入他群代为哺育，也可由种用父群自己哺育。雄蜂脾的蜂路要适当放宽一些，以免影响雄蜂的发育。考虑到雄蜂的发育需要充足的营养，对哺育雄蜂的蜂群要不间断地进行糖类及蛋白质类的奖励饲喂直到雄蜂房封盖为止。

2. 组织育王群

育王群指的是为培育新王而专门选出的哺育力出众的强群。尽管从严格意义上来说，种用母群不一定就是育王群，但一般的生产蜂场中，两者基本是同一个蜂群。在选好种用母群后，即可以将其组织成为育王群，并用其中的小幼虫来移虫而人工培育新蜂王。

一个蜂场中的种用母群数量不必多，有 1～2 群即可。选好蜂群后，要对该群进行育王前的调整。在巢箱中留下 4～5 张封盖子脾、1 张幼虫脾和 2 张蜜粉脾。移虫前数天内，先暂时不放入可供蜂王产卵的空脾。这样做的目的是设法让蜂王的产卵速度降下来，因为蜂王的产卵速度与所产的卵的大小是成反比的，而大卵孵化成的幼虫所培育的蜂王的体重较大，质量就较高。在继箱中可放入 2 张幼虫脾、2 张封盖子脾和 2 张蜜粉脾，幼虫脾居中，两边是封盖子脾，最外边是蜜粉脾。待育王框移虫完毕后，调出适当的空间，再将其插入 2 张幼虫脾之间。育王群组织好后，同样要每天进行奖励饲喂，直到其所培育的王台全部封盖为止。

3. 准备幼虫所需的小幼虫

在移虫前 4d，往种用母群的巢箱中央加入 1 张优质的产卵用空脾，蜂王即会在其上面产下较大较重的卵，正好可用于今后移虫所需。

4. 预移虫

在正式移虫前 1d，先将育王框上 3 根木条上每条粘上 15～20 个蜡碗，然后放于育王群继箱内预留的育王框位置，让中蜂整理 1h，再将育王框取出，在每个蜡碗内，点上少量用清水冲稀的蜂王浆，并从任一蜂群中取一框适龄的幼虫脾，扫净脾上的中蜂，用移虫针伸到半圆形幼虫背部，轻轻挑起，又轻轻把幼虫放到蜡碗的王浆上。全部移虫完毕后，将育王框放入育王群继箱中原位置。

5. 移虫

为了提高蜂王的质量，要采取复式移虫的方法。在预移虫后的

24h，将育王框从育王群中提出，轻轻扫净框上的工蜂，然后把育王框上各王台中的幼虫用镊子轻轻夹除，夹虫时尽量不要破坏台中蜂王浆的原形。再从种用母群中提出事先准备好的小幼虫脾，把脾上的高质量适龄（孵化 12 ～ 16h）小幼虫移入各王台幼虫的原位置处，最后将育王框重新放回原处。

6. 王台接受情况检查

移虫的第 2d 查看王台的接受情况。一般每个育王群移虫 40 ～ 45 个王台，有部分没有被接受，再加上可能有些畸形、瘦小的王台，最后只留下 30 ～ 35 个王台。

7. 王台封盖情况检查及备用王台的预移虫

于移虫后第 5d，查看王台封盖情况，淘汰畸形、瘦小王台，统计剩下王台的数目，并将育成的王台转移到事先准备的某个无王群中储备待用。如果王台数量不足，或有多批次育王计划，则在当天，也就是第一批王台移虫后的第 5d，后备王台或第 2 批王台的预移虫就可以开始了。后批次蜂王的发育进度与第 1 批的完全相同，依次推算即可。

8. 组织交尾群

所谓交尾群，指的是为处女蜂王完成婚飞而专门另外人工分出的弱小蜂群。为什么要使用小蜂群来作交尾群呢？因为如果使用较为强大的蜂群作交尾群，则在处女蜂王未产卵期间，群中工蜂的哺育力将会被浪费掉。蜂群越强，则浪费的就越多，故从发挥蜂群的生产力角度来说，小交尾群是比较理想的。但正因为交尾群弱小，其采集力和自卫能力较差，若不加以精心地照顾，往往会成为盗蜂、病敌害、食物短缺等变故的最先受害者。

一般蜂场组织交尾群时，会使用平时使用的标准蜂箱。先从强群中抽出一个正在出房的封盖子脾和一个蜜粉脾放入一个空蜂箱中，再从强群中抖入 1 ～ 2 框中蜂，然后将交尾群搬到一个蜂场边缘比较醒目的地方放置稳当即可。或者是从多个强群中分别各抽 1 脾，蜜多的抽蜜粉脾，封盖子多的抽封盖子脾，先将抽出的封盖子脾和蜜粉脾集中到一个蜂箱中，然后按一个交尾箱分配一个蜜粉脾和一个封盖子脾的方式，组成若干个交尾群，再从强群中给每个交尾群各抖入1～2框中蜂，最后将各交尾群摆放到选好的蜂场周边位置即可。使用上述第二种方法组织交尾群必须是在外界蜜粉源比较丰富时，否则容易发生不同群工蜂的打斗情况。

如果蜂箱不足或蜂场地方不大，也可以组成主副群形式的交尾群，即将蜂箱用闸板隔成一大一小两个空间，大的一边放原群，使用老蜂王；从原群中抽出封盖子脾和蜜粉脾各1张放入小的一边，并抖入1～2框中蜂而组成交尾群。交尾群要另开一个与原群朝向相反或者是不同的小巢门，以免交尾群的新王错投原群而将原群老王杀死。这种方式组织的交尾群能得到原群的保温帮助，在外界温度较低时效果比较理想。

需要注意的是，尽管交尾群对群势的要求不是太严格，但为了保证新王能顺利交尾和正常产卵，交尾群的中蜂数量不得少于1框蜂。另外，要保证在介绍王台前，交尾群中不能有原群带来或自己造就的王台，否则工蜂就不会接受介绍王台。为提高交尾群对介绍王台的接受率，在介绍王台前，要使交尾群处于无王状态1～2d，由此推算，组织交尾群的时间应以移虫后的第9～10d为宜。

9. 给交尾群介绍人工王台

于移虫后的第11d，将储备在无王群中的王台提出，为每个交尾群逐一介绍1个。介绍时用薄而利的刀具将王台从育王框的木条上沿根切下，然后用小刀在交尾群的巢脾近上梁处挖出1个比王台大一些的洞，将王台粘在洞顶即可。

10. 检查蜂王出台情况

介绍王台后的第2d，查看王台中新王出台与否及新王的体格、大小、活动表现等，有异常者应予淘汰，并补入备用王台。此后，为防止干扰处女王婚飞交尾，一般不再开箱检查。

11. 检查新王产卵情况

蜂王出台后的第10d前后，可查看交尾群中新王是否已经产卵，产卵是否正常。如果看到脾上一房一卵，产卵成片，则说明新王是一只不错的优质蜂王；若不见卵粒，则该王可能交尾失败或有生理缺陷，可于第 2d 再来查看证实，确有问题者应淘汰；若出现一房多卵，可能是产房不够而新王不得不重复产卵所致。可插入一空脾试验，如恢复一房一卵，则说明蜂王正常，如仍是一房多卵，则该蜂王应淘汰。

如果要重复利用交尾群，可将产卵新王介绍到正常蜂群中，并于第 2d 给交尾群介绍 1 个新的王台。

三、蜂王诱入前的准备

诱入蜂王的方法要适当，否则工蜂不肯接受，蜂王就有被围杀的危险。为保证蜂王介绍的成功，事先需要做好以下准备工作。第一，提前 1d 左右将准备淘汰的老王从蜂群中去除。因为原群蜂王健在时，其他蜂王是不会被蜂群接受的。此外，使蜂群有一个短暂的无王期，也有利于新王被工蜂接受；第二，要仔细检查蜂群中有无王台，如果有，要尽数毁除；第三，如果给强群介绍蜂王，可将蜂群搬离原址，使部分老蜂不能再返巢，这样介绍蜂王容易成功；第四，如果是在缺蜜期介绍蜂王，要提前数天对蜂群进行奖励饲喂。

四、介绍蜂王的方法

介绍蜂王的方法大致可分为直接诱入法和间接诱入法两大类。与蜂群的合并情况类似，不管哪种方法，其原理也是要先混同蜂王与被介绍蜂群的群味，然后就能安全顺利地完成诱入工作。

（一）直接诱入法

使用直接诱入法的前提条件是外界蜜粉源比较丰富，工蜂的警惕性不高，蜂群对外来的蜂王比较容易接受。具体做法有多种。

1. 抖蜂法

从待诱入蜂王的蜂群中提出两框蜂，抖落在巢门前，乘中蜂往箱中爬行的机会，往蜂王身上喷点蜜水雾滴，再把蜂王放在中蜂中间，一起爬进蜂箱即可。

2. 喷烟法

先向箱门内喷烟三四下，再将蜂王放到巢门口，让其自行爬进巢内即成。

3. 直接放入法

乘工蜂忙碌外出采集而在巢中的外勤蜂不多时，从待诱入群中提出一张幼蜂正在出房的封盖子脾，轻轻将蜂王放在巢脾上，再把巢脾轻轻放回箱内。

4. 隔板法

将蜂王连同其所在交尾群的一个巢脾及脾上的中蜂，一同放在待诱入群的隔板外，经 1～2d 后再放入隔板内。

5. 饥饿法

先把蜂王放到囚王笼内，不提供食物，使其饥饿数小时后，从待诱入群中提出 1 张蜜脾，蘸取蜜脾上的些许蜂蜜涂在蜂王翅上，再将蜂王轻轻放在蜜脾上，然后将蜜脾放回箱中。此时蜂王饥饿已久，上脾后会立刻到储中蜂房中找蜜充饥，举止自然，容易被工蜂认同。

（二）间接诱入法

当外界缺蜜时，或者给蜂群诱入贵重蜂王、异品种蜂王、处女王及失王过久蜂群诱入蜂王时，就要有一个比较长时间的群味混同过程，并保证在这种群味混同过程中蜂王的生命安全，此时应采用间接诱入的方法。即把蜂王关入一个隔离容器内，放入待诱入群中与蜂群混同群味，但暂时不与待诱入群的工蜂发生身体接触。等蜂王已被待诱入群的工蜂接受后，再把蜂王从隔离容器中放出产卵。使用间接诱入法时都要用到关蜂王的隔离容器即蜂王诱入器。常见的蜂王诱入器有全框式、扣脾式、密勒氏式等，也可使用囚王笼来诱入蜂王。如果蜂场内没有这些设备，可根据其原理临时自制一些简易的蜂王诱入器应急。

1. 全框式蜂王诱入器

将交尾群内蜂王所在的那张巢脾连蜂带王一起提入诱入器中，插好诱入器上方的盖板，把诱入器放进无王群内。过 1～2d 后开箱查看，如果诱入器内外的工蜂都已从纱网上散开，证明蜂王已被蜂群接受，可放出蜂王；如果纱网上中蜂数量较多，证明诱入器内外的工蜂仍在对峙，可过几天后再来检查，直到蜂王被接受为止。全框式诱入器能装下整整一张巢脾，关在器内的蜂王活动空间大，能正常产卵，关蜂王的时间即使较长也对蜂王影响甚微，蜂王放出后行动稳重自然，故其诱入成功率最高。但这种诱入器体积大，平时不用时存放占用空间大，保管不容易。

2. 扣脾式蜂王诱入器

把蜂王先关入诱入器中，再从待诱入群中捉数只幼蜂与蜂王关在一起，如果待诱入群失王过久而不容易找到幼蜂，也可从蜂王原来所在的交尾群中捉取。然后在待诱入群的巢脾上找到一片有储蜜的区域，把诱入器扣在该区域上面，抽出诱入器的底板，最后把带诱入器的脾放回巢中。1d 后查看接受情况，如果诱入器上工蜂较多，甚至有的还在啃咬纱网，证明蜂王尚未被蜂群接受，应继续关王，等第 2d 再来查看。直到看到诱入器上的工蜂已经散开，甚至能看到诱入器外的工蜂给诱入器内的蜂王喂食蜂蜜，则证明蜂王已被蜂群接受，此时可以取下扣脾式蜂王诱入器，放出蜂王。这种诱入器相当于一个缩小版的全框式蜂王诱入器，蜂王的活动范围不再是整张巢脾，而只是脾上的一个较小的区域，但蜂王仍能比较自由地取食、活动甚至产卵，故而其诱入的成功率也是比较高的。

3. 密勒氏式蜂王诱入器

先取出器内的小木板，用空出的开口对准脾上的蜂王罩下，无处可去的蜂王会自行爬入器内；再用小木板插入开口，调整木板插入的深度而给蜂王留出适当的空间后，用图钉固定住木板；然后从另一端的孔口捉入数只幼蜂，塞入为蜂王和幼蜂准备的炼糖，关闭孔口；最后将诱入器悬吊在待诱入群的两个巢脾之间，注意要适当放宽该两个巢脾之间的距离。2～3d 后查看，查看的方法如前所述，确信蜂王被接受后，即可抽出诱入器的木板而放出蜂王。密勒氏式诱入器体积小，保存及使用较方便。由于被关在其中的蜂王活动空间小，也没地方产卵，因此，成功率比前两者略低。

4. 囚王笼式蜂王诱入器

抽出笼上的那根可活动的小棍，先把蜂王捉入笼中，插上活动小木棍；再如法捉入数只幼蜂，最后放入炼糖，即可将囚王笼悬挂在待诱入群的两个巢脾之间介绍。囚王笼的原理同密勒氏式蜂王诱入器，其过程也基本一样。如果蜂王是新邮购的或者蜂场过去曾购买过蜂王，可就便应用囚王笼来作蜂王诱入器使用。当然，如果蜂场中有全框式或扣脾式蜂王诱入器，还是用更好的比较保险。

5. 简易式蜂王诱入器

先将比较坚韧的牛皮纸、锡箔纸扎满针孔后，卷成柱状纸筒；再把蜂王套入纸筒，当蜂王爬到纸筒中心位置时，轻轻拧紧纸筒的两端，使蜂王被封闭在纸筒中；然后把该纸筒放在待诱入群的巢框上梁上面，待工蜂花费较长时间咬开纸筒后，蜂王即可自由地爬上巢脾取食、产卵。当蜂场没有准备上述各种蜂王诱入器时，这种方法也不失为一种有效可行的蜂王间接诱入法。

五、围王的解救

当蜂王被介绍到蜂群中时，如果蜂王不为工蜂所接受，就会被许多工蜂包围，且工蜂越来越多聚成一团，最终蜂团中央的蜂王会被工蜂闷死、刺死或咬死，这种行为养蜂术语形象地称为"围王"。

当蜂王被诱入蜂群后，不要轻易开箱查看，以免人为干扰而引起刚介绍的新王被围。可通过箱外观察来推断蜂王被接受与否。只要看到蜂群采集正常，巢门前次序井然，即说明蜂王已介绍成功；而如果发现中蜂们无心正常采集，巢门前次序混乱，地上有死蜂，守卫蜂如临大敌般警觉异常，则应立刻开箱查看。如果正好看到正在围王的蜂团，可捧起蜂团丢入水中，或对准蜂团喷水喷烟。待工蜂散开后马上检查蜂王的伤势，如蜂王足、翅、身体均无损，行动仍敏捷如常，则该蜂王仍可利用，可将蜂王关入诱入器后，重新放进巢内，直至其被接受后再将其释放。而如果蜂王已被围而致残或致死，则不得不重新为蜂群介绍另一只新蜂王。由于好的蜂王来之不易，所以蜂王的诱入一定要慎重，无把握时最好应用间接诱入法。

第五节　蜂群的短距离移动及长途转运

日常管理中难免会遇到需要把蜂箱从一个地方移动到另一个地

方的情况。但了解中蜂习性的人都知道，蜂箱一旦摆放在某地后，中蜂即会做认巢飞行，并将蜂箱周围环境固执地记忆于心。此后如果移动蜂箱，哪怕只移动数米之远，中蜂就会找不到"家"了。但如果把蜂群移到中蜂完全不熟悉的陌生环境中（距原址 5km 以外），中蜂会重新做认巢飞行。经认巢飞行后，中蜂对新居周围的环境又能准确记忆，就如同它们对搬迁前原址的记忆那样。中蜂这种独特的认巢习性，决定了我们在迁移蜂箱时，不可随意而为地轻易搬动蜂箱，而是要依照中蜂的记忆习性，科学合理地迁移蜂群。

根据移动距离的多少，蜂群的迁移有近距离迁移、中距离迁移、长距离迁移 3 种情况。它们的目的不同，所使用的方法也各不相同。

一、近距离迁移

在 3 ～ 40m 距离范围内的迁移，属于近距离迁移。例如，要把原来离得较远的两群蜂合并，在合并前就可采用这种方法来缩短群间的距离，直到两者相距不超过 1m 为止。可采取每天移动一点点（前后移动不超过 1m，左右移动不超过 0.5m）的逐渐位移法来达成目的，即每天傍晚移动 1 次，逐步把蜂箱移到预定位置。这样处理后，因"家"的位置变动有限，大部分中蜂仍能准确归巢。但须注意该蜂箱的四周不能有其他蜂箱，否则中蜂就可能错投。

二、长距离迁移

远至 5km 距离以外的迁移都属于长距离迁移。这种迁移法因迁出的距离已超出中蜂熟悉的原环境范围，故到达新址后，中蜂会重新做认巢飞行，等对新环境完全了解后再出巢采集，归巢后才不会迷路错投。

长距离迁移是个比较复杂的工作，出发前有许多准备工作要做。第一，首先要调整各群的群势，用强群的幼蜂或封盖子脾补充给弱群，而将弱群的幼虫脾调给强群，使全场所有蜂群的群势比较接近，否则，在途中强群可能会因闷热及通风不畅而全群毁灭。其次是每群蜂的储蜜既不能太多，太多巢脾重量大而容易被震裂，且运输中中蜂食量过大而产生很多热量，进一步加剧箱中的高温状况；也不能太少，太少中蜂可能挨饿，而运输途中又无法开箱补助饲喂，等到达目的地时可能蜂群已经饿死。所以要把储蜜过多的蜂群抽出部分蜜脾，而储蜜少的则补充蜜脾。至于每群留多少储蜜适合，则要看迁移所花的时间长短、蜂群的群势强弱等而定，一般每群蜂的日耗蜜量在 0.5kg 左右，且运输时的耗蜜量比平时要增加 50% 左右，可据此大致推算一下应保留的储蜜量。再次是确保通风的纱窗（无论是前后纱窗、箱底纱窗，还是副盖纱窗）要畅通和完好，既可以使蜂群在运输时得到良好的通风，又不能让中蜂在途中飞失。最后是保持脾略多于蜂，并适当放宽蜂路，这有利于改善运输途中的通风条件。此外，每个蜂箱在装订时应准备一张"水脾"，即用空脾灌满水后放在隔板外侧为蜂群供水的巢脾，以免运输时段内中蜂口渴或散热无水。第二，蜂箱的装订工作要做好。长距离迁移肯定要借助汽车、轮船、火车、飞机等交通工具，其途中的颠簸震动也在所难免。而中蜂的巢脾平时悬挂放置在箱中框槽上，如果不将各个巢脾设法固定住，在这种颠簸震动下，各巢脾肯定会移动而彼此碰撞甚至从框槽上掉落下来，将脾间的中蜂挤死、压死、撞死。所以运输蜂群前一定要先将各巢框之间的侧条处卡上一个长 30～50mm、宽 15～20mm、厚度为 12～15mm 的木制框卡，在巢脾与箱壁及巢脾与隔板之间也要装卡；装好卡后，再把各巢脾及隔板向箱的一边挤紧；最后用手钳将长 25～30mm 的小钉子先半倾斜着拧挤（注意，不是敲打，因为中蜂怕震动）进各个巢脾的两端框耳内，再最终拧挤进蜂箱框槽的木板内（巢脾少时，也可只固定最外侧的巢脾及隔板即可），使每个巢脾都被小钉子固定在框槽上不能动，可防止巢脾在途中的碰撞或掉落。除固定巢脾外，副盖也要用小铁钉固定。如果是继箱群，巢箱与继箱之间也要固定，可用木板或竹板在巢箱和继箱间钉成"八"字形固定，也可在两箱体间装上继箱连接器来固定。第三，要派人打前站。运输前得有人查看蜜源、了解天气、预定放蜂产地、安排人员住所等。最好让经验丰富的蜂农担任此项工作，待基本敲定后才能让蜂群跟进。第四，如果蜂场远离公路而汽车等运输工具无法进场，则在确定起运时间后，提前把蜂群挑到公路边，待汽车一到可立刻装车。

长距离迁移时最好在晚上行车，于黎明时到达，高温季节尤其如此，可大大减少途中的各种蜂群事故。运输途中不到万不得已最好不要停车，到达后要尽快卸车、排列蜂群，且待所有蜂群都排列好后再打开巢门。这样蜂场往往很快就能恢复如常，中蜂重新认巢后即可投入采集。

三、中距离迁移

从 20m 至 2.5km 距离范围内的迁移属于中距离迁移。这是一个比较尴尬的距离，用逐渐位移法不知何时到头；像长距离迁移那样一次性运达，则中蜂因对周围环境熟悉而不会在到达新址后重新认巢飞行，采花后照样会径直飞往原址找"家"，其结果自然是"无家可归"。为解决此问题，可采用过渡性迁移法。即先把蜂群运到距原址和新址均超过 5km 以外的某地，过渡性饲养 1 个月后，再迁往新址。这种中距离迁移的方法很有效，只是比较麻烦费事。

第六节　巢脾的修造、保存

一、巢脾的修造

人类在惊叹中蜂建筑的精妙时，也看到了自然巢脾上的点点瑕疵，那就是一张脾上面有时雄蜂房过多；而在巢脾的雄蜂房和工蜂房之间，以及中蜂造脾时两小块巢脾拼接成整脾的拼接边缘上，还存在一些不呈正六边形的过渡房，这些过渡房仅只能用于储藏而不用于育虫。能不能人为地帮助中蜂改正这些不足之处呢？为此，人类发明了巢础。巢础的作用就如同建房时打好了地基一样，在此"房基"上建起的蜂房，更加整齐、美观、实用。此外，中蜂自巢础上开始建造蜂房，不仅能节省大量蜂蜡，建造的进度也大大加快。

（一）造脾计划

一个蜂场所要配备的巢脾数主要是依据蜂群的数量而定，一群蜂所要配备的巢脾数量则要依据饲养方式和饲养蜂种而定。转地饲养的意蜂蜂场，运用标准蜂箱每群应配备 18～20 张；而定地饲养的意蜂蜂场，在此基础上可适当地多配备一些巢脾；中蜂群势一般占意蜂的50%，故所配备的巢脾数占意蜂的 50%。

意蜂巢脾的使用年限为 2.5～3 年；如果饲养中蜂，更是要求一年一换。过久的巢脾发黑、房孔缩小，所育出的中蜂个体小，采集力不强；且旧脾容易滋生病虫害，所以必须定期更新旧脾。

造脾是蜂场中一项经常性的日常工作，如果无计划地随意而为，造出的脾就可能要么不够用，要么质量差。所以必须事先大致制订一个当年的造脾计划。这种计划很简单，如果养的是意蜂，则当年需要造新脾数为如下。

现有蜂群数 ×20×1/3 ＋新分群数 ×20

如果是饲养中蜂，则当年造脾数如下。

（现有蜂群数＋新分群数）×10

计划制订后，要根据当地的蜜源条件、蜂群发展一般性规律等客观条件，具体落实到每群应造多少脾，何时造脾等细节。即盘算一下这一年中，有几种能造脾的蜜源植物，每个花期蜜源的数量及时间长短是否适合造脾，蜂群的现状及预期状态，何时是造脾的主要时期等。最后，要留心具体实施时，现实情况是否与计划基本相符；如果不相符，要找找原因在哪里。要不断地总结提高，不断地积累切合实际的养蜂经验。

（二）用蜡质巢础修造巢脾的步骤

1. 巢框穿线

用 24～26 号细铁丝在巢框边条预留的 4 个小孔上来回横穿 4 道，然后将其中的某个断头（通常是靠近下梁的那个断头）用小钉固定好，再用手钳由下而上依次拉紧细铁丝后，用另一枚小钉固定另一个铁丝断头于上梁处。铁丝要尽量拉紧直至用手轻拨能听到清脆的弦音为好，但也不能用力过大而拉断铁丝。可先在两边条外侧卡上卡子，使侧条向框内径弯曲，拉紧铁丝后释放卡子，这样边条的复原弹力能绷紧铁丝。之所以要穿上 4 根铁丝，是因为巢脾今后用于储蜜，特别是放入摇蜜机中旋转时，要承受很大的重量，而这4根铁丝就如同钢筋混凝土中的钢筋那样，对加强巢脾的强度和韧性十分重要（图7-1）。

2. 巢础上框

首先，将巢础的某个长边镶嵌进巢框上梁腹面预留的浅槽内，浇入一些熔蜡，可使巢础镶嵌得比较牢固。中蜂的巢框上梁腹面未开沟槽，装巢础时就要使用压边器。压边器有一个带有齿边的滚轮，轮轴套在手柄端部的孔内。滚轮的表面横刻有细小的沟纹，可增加滚压时的黏附力。使用时先将滚轮加热，将巢框的上梁放在桌子上，巢框垂直于桌面，巢础片沿边铺在上梁的腹面上，然后把上边紧靠在上梁边向前滚压。巢础经热压熔粘在上框梁腹面，趁巢础尚软时，将巢框放平，使巢框的穿线靠着巢础片。用压边器可省去上梁开沟槽用灌熔蜡，还能防止巢虫潜伏在上梁沟槽内；然后，将埋线板（一块15cm厚、略小于巢框内径的光滑木板）衬垫在巢础下面（由上而下依次是铁丝、巢础、埋线板），埋线板的作用是在上巢础埋线时，从下面将巢础托起，防止巢础变形（图7-2）；再者，用预热好的烙铁式埋线器（是用四棱锥的铜块加铁柄和木手柄制成，铜块的锥尖端锉成小凹沟，使之刚好能卡住铁丝线。使用前先将铜块烧热，埋线时将锥尖顶凹沟对准穿线顺划而过）的烙铁头或齿轮式埋线器（它由齿轮、叉状柄和手柄三部分组成。使用前将齿轮烧热。埋线时将齿的顶部对准房底中央，搭住铁丝线，这样齿轮向前滚动时每一齿轮顶恰好都会落在房底中央，可防止压损房基）的齿轮轻压在铁丝上并匀速匀力地推过铁丝，使受热的铁丝熔开身下巢础的蜂蜡后被压入巢础中。推埋线器时速度和力量要控制好，既不能过大而压穿或烧穿巢础，也不能过小

图 7-1　穿好线的巢框示范

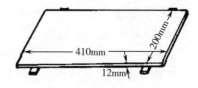

图 7-2　埋线板

而使铁丝仍然暴露在巢础外。铁丝埋入巢础效果理想，则蜂群对巢础的接受率就高。中蜂上础时不能上满框，其下缘要留出 10 ～ 15mm 的缝隙，这符合中蜂的生活习性。

3. 加巢础框

将做好的巢础框加入选好的蜂群中，让中蜂在巢础上加高房壁直至需要的高度，巢脾即修造完成。

（三）造脾的时机

第一，外界要有蜜源植物开花流蜜。每生产 1kg 蜂蜡，约需要消耗 3kg 以上的蜂蜜和 700 多克的花粉。如果蜜源植物泌蜜较稳定且花期较长，则对造脾十分有利；如果主要蜜源流蜜汹涌但花期较短促，则并不适合造脾，一则造脾过多势必会影响蜂蜜的收成，二则短期内进蜜量过大，中蜂为了应急贮蜜，会筑造较多的雄蜂房（容积大）而降低巢脾的质量；有些花期较长的辅助蜜粉源，尽管进蜜不多，但用于造脾却比较理想。第二，蜂群内青年蜂数量要多，这样才能有足够的能泌蜡供应建筑材料的工蜂。因为工蜂所承担的工作通常是由日龄来分类的，泌蜡造脾的适龄蜂为 13 ～ 18 日龄，蜂群内这样的工蜂越多，就越有利于造脾。第三，工蜂泌蜡造脾的积极性要高。举例来说，如果某群蜂群已经产生分蜂热，即使蜂群强大蜂数众多，也很难造出优质巢脾；但经过自然分蜂后，尽管中蜂的数量减少了近一半，但造起脾来却是又快又好。可见只有那些有扩大蜂巢欲望，并且有能力造脾的蜂群才适合于造脾。这样的蜂群通常要有 8 框以上足蜂，群势较强，蜂群处于发展阶段，蜂王健壮，群内有较多的蜂子，中蜂数量较多，巢内处于蜂多于脾的状态，没有分蜂情绪，无病虫害侵袭等。而分蜂群尽管不能算是强群，但因刚刚失去老巢，故建造新巢的欲望自然是十分强烈的。第四，巢础要质量好，包括在巢础上框过程中，巢础要上得周正、平整、无破洞，埋线要恰当等。

其中除最后一项比较直观容易把握外，前三项都需要一种综合判断的经验。对初学者而言，一个简单的判别办法就是，当处于非缺蜜之季时（不一定是大流蜜季节，外界有一定蜜源就行），开箱看到某群蜂的巢脾上有雪白的新蜡时，这群蜂就可以加入巢础造脾；如果收捕到一群自然分蜂群，即使是在蜜源不甚丰盛时，也可放心地加入巢础框让蜂群造脾，并注意对该蜂群进行奖励饲喂，也可造出质量很高的巢脾来，这是因为分蜂群的造脾欲望非常强烈的缘故。

（四）巧加巢础框

第一，在加巢础框前，可在巢础上喷一些蜜水，并撒上一些小的蜂蜡屑（从蜂箱中巢框边上刮下），能提高蜂群对巢础框的接受率；第二，看群下框，一般每群1次加1个巢础框，特别强大的蜂群可加两个，分蜂后仍比较强的蜂群也可加两个，弱群、交尾群、病群不加。有的蜂群造脾能力特别强，能连续不断地造脾，可让巢础框完成80%～90%后即抽出加入他群继续完工，而本群则加入新的巢础框，充分发挥其造脾能力；第三，加巢础框时一般加在蜜脾和幼虫脾之间；在强群加两个或两个以上巢础框时，不能加在一处，框与框之间要间隔其他巢脾；第四，不能心急，要待第一张脾完成后，再加入一个新的巢础框；第五，接力造脾，中等群势的蜂群尽管造脾的速度不快，但造出的脾上几乎都是工蜂房，而强群反倒更容易出现造较多雄蜂房的情况，故可把巢础框先加进中等群势蜂群，待完成50%时抽出加入强群中，这样可充分发挥两者的优势；第六，在流蜜期到来时，中蜂强群可在继箱中部，同时间隔地插入2～5框巢础，进行继箱群突击造脾。将近筑好时再抽给其他蜂群补充完成，再陆续补入巢础框。

二、巢脾的保存

不同的季节、不同的群势、不同的蜂种，蜂箱内所放置的巢脾数量是有很大差异的。在春秋和越冬期，蜂群比较弱，巢内只需少量的巢脾，大量的巢脾需要在箱外保存。如巢脾保存不当，会滋生巢虫、生长霉菌、老鼠毁坏、引起盗蜂等，所以暂时不用的巢脾一定要保存好。

（一）清理

从蜂群中撤出的多余巢脾应经过仔细清理。把巢框上的蜂胶、蜂蜡、污物等刮除干净，剔除3年以上的老巢脾和雄蜂房多的质量不好的巢脾化蜡。取过蜜的巢脾上残留较多的蜜汁，容易吸湿发霉，要放回蜂群让中蜂清理干净。一般放在蜂群隔板外侧即可，最好是傍晚放入第 2d 取出。

（二）分类

巢脾按脾上的储存物种类分为蜜脾、花粉脾和空脾 3 类。其中空脾可用于今后的产卵，故可按其使用年限及颜色的深浅再分成 2 ～ 3 类。分好类的脾应分别装入继箱，并在箱体上标明种类。

（三）熏蒸

为防止巢虫滋生而损坏储存的巢脾，应将装满巢脾的继箱搬到干燥、清洁卫生、中蜂不能飞进、无闲杂人员进入、远离居室的房内，最好是专门的巢脾储藏室，按巢脾种类叠放起来，并经药物熏蒸杀虫后，密封保存。常用的熏蒸药物有以下几种。

1. 二硫化碳

每箱放 10 个脾，最上面箱放 8 个（留出空间以放置药物），共叠放 6 个继箱。用报纸把箱与箱之间的连接缝隙及各种其他缝隙、孔洞封死，包括最下层箱体与地面间的缝隙。将 24 ～ 30mL 二硫化碳液体倒入一敞口容器（碗、杯等）内，放在最上层留出的两框空间内，立刻盖上木板副盖，并用报纸糊严副盖与继箱间的缝隙。

二硫化碳在常温下易挥发，比空气重。自顶层升华的二硫化碳毒气会由上而下地杀死各箱中脾上的巢虫，包括卵、幼虫、蛹和成虫，故一次熏蒸就能解决问题，比较省事。但使用时人员要站在上风口，以免吸入毒气中毒，如果成批处理多垛继箱，应从下风口处开始，人员逐渐向上风向退后；另外，该药物易燃，要严禁烟火（切忌边操作边吸烟）。熏蒸完后不能开封，以免新的巢虫重新钻入而前功尽弃。

2. 冰乙酸

二硫化碳毒性太强，可选用98% 冰乙酸替代。该药的熏蒸效果基本同二硫化碳，按每箱 15 ～ 20mL 的用量，操作方法同上。

3. 硫黄粉

硫黄粉比较便宜，只是要多次熏蒸，比较费事。

先选一有窗口的空继箱，上面摆上 5 层装着 10 个巢脾的继箱，用报纸糊严各处缝隙；从最底下继箱窗口放入一燃着木炭的瓦片，再按每箱 3 ～ 5g 的用药量，将硫黄粉撒在燃烧的木炭上。硫黄燃烧产生的二氧化硫气体比空气轻，可由下而上地杀死巢虫的幼虫和成虫，但不能杀死卵和蛹，所以隔 12 ～ 15d 熏蒸 1 次，连熏 3 次。

熏蒸时人应站在上风口。因蜂蜡易燃，故整个燃烧过程中人员要留守观察，直到所有硫黄粉燃尽而确信再无明火后，方能离开。

中蜂对药物非常敏感，故而经熏蒸的脾使用前，要放到室外通风至少 24h，才能插入蜂群中使用。为慎重起见，可把脾先在水中浸泡半天，取出后风干再使用。

除熏蒸杀虫外，因巢虫耐寒性比较差，故在冬季比较寒冷之地，可将巢脾放在室外冷冻数日，可冻死脾上巢虫，效果不错。

从病群中提出的巢脾最好化蜡，如必须使用，要单独存放，并须进行严格消毒处理后再贮存。消毒方法为，用 4% 福尔马林溶液或 0.1% 新洁尔灭溶液浸泡 24h，然后甩出药液，用清水将巢脾冲洗干净，晾干后再保存。

第八章　中蜂的饲养方法

中华蜜蜂（*Apis cerana*）简称中蜂，是我国土生土长的一个优良蜂种，它具有耐寒抗热、饲料消耗省和能利用零星蜜粉源等特点，尤其适应我国广大山区饲养。我国饲养中蜂的地域广阔，历史悠久，千百年来，我国劳动人民都是采用传统饲养法进行饲养，传统饲养就是利用木桶等简单的饲养工具，基本不进行管理，任蜂群在蜂桶内自由发展的一种饲养方式。随着西方中蜂的引入，中蜂的饲养方式也随之发生改变，活框饲养越来越被人们所认识，活框饲养是让中蜂居住在人们制造的活框蜂箱内，易于人们观察，有利于控制蜂群的发展和繁殖，提高蜂蜜产量的一项技术。采用活框蜂箱饲养，通过改良饲养管理技术，可使中蜂蜂蜜的产量大幅度上升，提高蜂蜜品质。当前全国中蜂已有一半采用活框蜂箱饲养。

第一节　中蜂传统饲养方法

一、蜂箱及工具

（一）蜂箱

蜂箱是用来供中蜂筑巢、生活和繁殖的地方，既要能保持适当的温湿度，又要有良好的通风条件。中蜂蜂箱的式样及与之配套的技术多种多样，除蜂箱专用外，其他均以菜刀、锅、铲、脸盆代用，当然可以根据操作实践设计或制作专用的取蜜工具和容器。

传统饲养中蜂大致可以分为以下两种：一种是窑洞蜂窝，在房舍土墙上、土山土坡上凿洞，开辟一个适合中蜂筑巢的方形或下方上圆的巢穴，洞口竖立一块木板作为挡板，下部钻孔供蜂出入。这种蜂窝

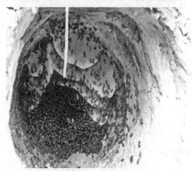

图 8-1　窑洞养蜂

图 8-2　长方体蜂箱

大小不一，优点是保温较好，冬暖夏凉（图8-1）。

另一种是无框蜂箱，是人们模拟自然蜂巢制作的简单蜂箱，常见的有长方体蜂箱、蜂桶、空心树段和竹编摸泥蜂笼等（图8-2和图8-3）。其中，主要是以木桶饲养为代表，蜂桶是用圆木制作而成的，有卧式、竖立式和方格式等不同的形式，用材有桐木、橡木、椴木、松木、椰树等，长短（高低）和内径随材料变化，一般长60～80cm，内径35cm左右。内径过小的蜂桶多被称为"棒棒蜂（桶）"（图8-4），制作方法有对剖式和中空式两种，形状有方有圆，采用棒棒桶养蜂以陕西汉中市留坝为代表。相较至少需要10多块弧形板的圆形桶，方形高箱的制作较为方便，只须选用4块厚2.0～2.5cm木板便可轻易拼成，且后续的取蜜工作更方便。一些方箱正中部装有十字木条横档，正面的木条凿出箱板外部，并在上下两处分别打两个直径0.8～1.0cm的孔洞，供蜂出入。养蜂户通常在秋季从蜂箱上部取蜜，然后将蜂箱上下颠倒，使箱内下半部原有的繁殖区朝上，使割蜜后的空箱向下，成为第二年的造脾、繁殖区。还有的蜂箱中部十字横梁伸出桶外，顺着上下垂直方向每隔 8 ～ 10cm 穿 1 个孔，共穿 4 ～ 6 个孔洞，孔径与中部蜂出入孔径相似，用一根长 10 余厘米的树枝伸入这些孔内，可以观察和探测箱内中蜂活动、掌握箱内的造脾和贮蜜状况。而对于空心树桶最大的难点是来源不易。

图 8-3　蜂桶

图 8-4　"棒棒蜂（桶）"

（二）工具

传统方式饲养中蜂的最大特点是蜂群长年处于"静态"，不用像西方中蜂饲养者那样频频开启蜂箱、调整蜂巢。使用的专业工具不多，主要有以下几种。

1. 防护用具

防蜂面罩，可采用饲养西方中蜂用的面网和帽子，作为预防中蜂刺蜇的工具。

2. 开启工具

起刮刀是一把"L"形的铁片刀，两端宽，中间窄，一端有 10mm 呈直角折起，用来撬动箱盖、刮除箱底蜡屑等。可以在西蜂起刮刀样式上加宽刀口，再将启、撬尾端卷改成把手状。传统饲养中蜂不用重力启撬物品。

3. 驱避用具

传统饲养中蜂在割蜜时通常以干艾草扎卷，燃烟驱蜂时发出艾香气，缺点在于烟的去向无法人为控制。可改用西方中蜂的熏烟器，仍以干艾草为引烟燃料加入熏烟器，可人为调节烟雾方向。

4. 取蜜用具

蜜铲，设计成刀口状铲，使用不锈钢材质，用来切割蜜脾与箱板联结的蜂巢（纵向朝下用力），铲取带蜜的蜂巢（向前用力，或倾斜方向用力）；刀口宽 12 ～ 15cm，刀面长 15 ～ 18cm，板厚 2mm 左右。蜜铲可与金属把连成一体，也可设计一个装木把的套口，再根据养蜂人的力度习惯安装适当长度的木把，各种工具如下（图 8–5）。

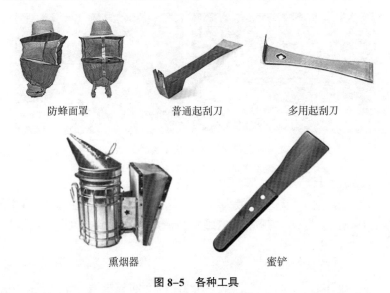

防蜂面罩　　　　普通起刮刀　　　　多用起刮刀

熏烟器　　　　　蜜铲

图 8–5　各种工具

二、蜂场场地的选择与设施

（一）放蜂场地的选择

放蜂场地是指蜂场摆放场地和其周围各种自然条件。养蜂场地的优劣直接影响蜂群的产量和蜂场的效益，因此要慎重选择中蜂放蜂场地，它应具备下列条件。

选择场地前要先进行考察，了解当地的植被和流蜜情况，合理安排养蜂工作，在没有辅助蜜源时给蜂群适当补喂饲料。理想的放蜂场地，应具备蜜粉源植物丰富，最好在蜂场周围 2 ~ 3km 范围内，1 年中要有 2 个以上的由大面积蜜源植物构成的主要蜜源（生产商品蜜）和较丰富的四季开放的零星山花构成的辅助蜜粉源（供中蜂生活）。此外，还要气候适宜、面积广阔、生活和交通方便等，传统饲养的中蜂场地选择与平原、丘陵区饲养的西方中蜂不同，放养场地须视居所附近地形而定，基本原则是背风向阳、地势高燥，无山洪或径流冲刷，前面有开阔地，环境僻静，具洁净水源，远离烟火、糖厂、蜜饯厂，避免选择其他蜂场中蜂的过境地，蜂场和蜂场之间最好相距 2 ~ 3km。另外，还有一个极其重要条件是飞行方向空旷，无妨碍中蜂出行的林木遮拦。例如在山区林地放蜂，则应选择林缘，既能遮阴，又不至于太封闭，也方便进行管理。

（二）蜂场设施

1. 蜂桶的选择与摆放

传统饲养中蜂的设施与西方中蜂蜂场有很多不同。传统养蜂的桶形五花八门，如圆桶、方桶、篾桶、树洞、土洞等。但养法不外乎两种，横养与竖养。横养分左右两区轮换取蜜，在取蜜过程中有部分幼虫脾和粉脾遭受破坏。竖养桶内蜜、粉、子三区层次分明，能做到按需取蜜，不伤子、粉脾，取蜜后恢复快。还有一种豆腐格子蜂箱，也属于竖养方式，它是一整格一整格地割开顶层格子取蜜，但这种格子蜂箱集虫基数比方桶高，清扫桶底和查看蜂群格子之间易错位，不如方桶好管理。传统养蜂也要求蜂桶规格统一，便于以后分蜂与合并。蜂桶材料首选杉木，其次泡桐，这两种木材不易变形，松木易过虫，干湿影响变形较大。

传统养蜂属定地养蜂，蜂桶常年不动，工蜂对自己蜂巢记忆清晰，飞行进出有序，它们可以像意蜂一样密集成排摆放而不会错投，新加进来的蜂群，前两三天会有少量迷巢工蜂抱团厮杀，之后就会和平相处。中蜂的采蜜飞行半径 3～5km，蜜源的承载量决定了不可能大规模饲养，蜂群以百箱以下为宜，场地要宽敞，可以星罗棋布分散放置，这样更有利于日常管理。摆放蜂箱的位置应高出地面 50cm，减轻查看蜂群时的弯腰疲劳，位置的选择以房前屋后为佳，夏天忌太阳直射，宜多种藤蔓类植物遮阴（图 8-6）。

图 8-6　蜂箱的摆放

2. 遮雨顶板

多数蜂场在高型蜂箱的上盖上，加设一块斜置木板，其面积较蜂箱上盖大 1～2 倍，有的还钉有一层防雨油毡，使蜂箱免受雨淋，顶板上加压石块以防风（图 8-7）。

图 8-7　加设遮雨顶板的蜂箱

3. 蜂箱支撑

目前市售的塑料蜂箱支撑台，能够将蜂箱很好地支撑起来，发挥防潮、防虫的作用。但如果蜂群较多，考虑到成本问题，可以在宽阔的放蜂场地上，以几根直径十多厘米原木铺地，木排上加片石，垫上比蜂箱稍大的木板，将蜂箱置上，以防潮湿。这种铺设对中蜂生存、防病极为重要，在技术规范中应有专门的条文。饲养于山坡上的多数蜂群，依地形采用 4 根木桩的单箱支撑，木桩上放片石和木板，蜂箱安放在木板上。木桩高 25～30cm，雨水不会漫过箱底。置放在养蜂户房屋前后的蜂箱，多数箱底都隔垫有石块或石片，再垫木板，起到与地面隔离的作用（图 8-8 至图 8-10）。

图 8-8　蜂箱支撑台

图 8-9　山上蜂箱的摆放与支撑

图 8-10　养蜂户房屋旁的蜂箱

三、蜂群的管理

传统方式饲养中蜂属于半野生饲养状态，管理较为简便，不必套用西方中蜂通常采用的"四季管理"。依据地域差异，它有其特定的管理方式，可针对繁殖期（上半年）、取蜜期（夏秋）和非生产期 3 个时期对蜂群进行管理。

（一）繁殖期的管理

传统饲养的中蜂大多从 2 月开始繁殖，至 5 月中下旬结束。在每年的农历二月初二，惊蛰季节过后（3 月中旬），对蜂桶和竹篓底部进行清扫和熏蒸，其目的是清扫越冬后蜂桶底部和周边的蜡渣，防止春季巢虫滋生。清扫完毕后，早晚再用艾蒿从蜂群底部慢慢进行烟熏2～3min，让蜂巢蠕动，使蜂体向上爬，将蜂体上的残留物和巢脾上的小螨虫和微生物熏掉，同时将旧老蜂脾摆下，清扫干净后把蜂群恢复原位即可。间隔10d再熏蒸清理1次为宜，春季连续熏蒸2次可预防全年"黏虫"害发生。

与西方中蜂不同的是，蜂群自然开产，不用包装，也不用奖励饲喂刺激产卵。但传统养蜂，由于秋季取蜜过多，到春繁时饿死蜂群的现象时有发生，且在2—3月遇长期阴雨工蜂无法出巢采集时，应视情况对春繁群进行补充饲喂，现用开盖测蜜方法，蜜少可以及时补喂。在蜂巢上部顺巢脾方向靠边挖一个缺口，能放下装500g糖水的容器即可。里面放漂浮物以免淹死中蜂，漂浮物选含天然杀菌物质的松针和柏树细枝。蜂蜜缺少，补喂量要多，一次1∶1糖水500g，连喂两天，隔两天再连喂两次即可，以防因缺食导致的蜂群逃亡。

分蜂是传统饲养繁殖期的重要工作，指蜂王率领蜂群2/3的成员迁移，将王位让给另一只中蜂。传统饲养一般靠的是自然分蜂，4—5月（农历3—4月）是一年中中蜂的分蜂高峰期，大部分蜂群分蜂1次，个别蜂群可分蜂2～3次。过去认为中蜂分蜂、飞逃无法控制，实践证明，繁殖期的分蜂有一定的可控性。越冬后的原群，多数经过一次分蜂即稳定，此时通过搬桶试重，若发现群势较弱，蜂量不足，在首次自然分群后，每隔3～5d从桶底观察是否有新造王台，对不需要分蜂的群可随手摘掉自然王台，摘除自然王台是传统饲养方式控制自然分群的有效手段。从桶底观察很容易发现向下最突出蜂脾底部的王台（图8-11）。

图8-11　王台

收捕分蜂群：多数自然分蜂群会在蜂场附近落下，并会落在蜂场设置的第一收蜂场地，此时应在近收蜂台摆设头年割蜜后的蜡渣等引诱物，同时在分蜂季节注意观察分蜂动态，随时收回分蜂群。此外，还可以使用葫芦瓢作为收蜂工具，瓢内部凹处用少量蜂蜜涂抹，瓢的外部常用红色花布蒙在外边，瓢中央钻 1～2 个小孔，安上一个手柄，便于在瓢外部握住，有利于收捕蜂群。当发现蜂群飞到蜂场周边树上或崖边，将抹好蜂蜜的收蜂瓢靠近蜂团，拨开蜂团，找到蜂王，吸引中蜂和蜂团上瓢。瓢外部包裹的红花布可以将蜂团盖住，因红色对中蜂而言，可使蜂团保持安静，蜂团引入瓢后，将瓢内蜂团慢慢移入事先准备好的蜂桶中，常用蜂桶规格一般是高 80cm、宽 40cm 的圆木桶或是竹篓等。

在第二收蜂场地应放置以往养过蜂的旧箱，桶内置引诱物，对没有落在第一收蜂场地的飞逃群，可查看此处的收蜂箱是否有新分群飞入。若有新分群，无论是从哪一收蜂场地收到的，都可以安放在新的蜂桶、箱中，补喂一些稀蜜，因为此时蜂群群势小、采集能力差。放在固定的新址，促蜂安静，在可能的情况下，尽快用强群将弱群补成强群。

蜂群分好后，只要将蜂桶外围用泥抹好 1～2cm 厚，蜂桶上口封严，做好防晒雨淋，蜂桶外部留有 1～3 个通蜂孔（中蜂巢门）即可。蜂群日常几乎不用管理，自然发展繁育即可。

（二）取蜜期的管理

早在春季油菜流蜜初期，用 4 根约 1cm 粗，3cm 长的木棍放蜂桶底部与蜂桶底盖中间，把蜂桶垫起来，利于蜂群酿蜜排水汽。流蜜中期蜂已满桶，挪动沉重，丰收时刻到了。传统饲养的中蜂一般在 8—11 月（农历 7—10 月）取蜜，海拔高、冬季到来早的地方会在农历 9 月以前，气温高、售蜜预约迟的割蜜期会延至 10 月中下旬。先逐步检查蜂桶的收成及储蜜情况，检查蜂桶内是否有剩余存蜜（揭开蜂桶上盖，直接观察蜂蜜储量多少），若蜂蜜较多时，可以在早晨或晚上割下蜂蜜，具体操作如下。先用艾烟熏蜂三四分钟，让蜂受惊钻进巢房吸蜜，被烟镇服吸足蜜的工蜂，对人的攻击性降到最低。用刀割开桶盖，蜜脾排列清晰可见。把蜂桶用木架支起来，使巢脾方向与地面垂直。把子脾端抬高，利于割蜜时蜂蜜顺桶流出。瓷盆放蜂桶口下，用勺子一块一块挖出封盖巢蜜放入盆中，挖到中心巢脾有花粉脾为止，中心花粉脾处于巢脾花粉区抛物线顶端，顶点两端还有巢蜜，这些蜜应留给蜂群作饲料，天气晴好时，这部分饲料蜜还可适当挖点，增加产量。一般每桶可收割 10 ～ 15kg 蜂蜜。

取蜜后，放好 4 根木棍，防止压死中蜂，把桶放回原位，让蜂蜜吸收转移流蜜，修复巢脾自行整理 3 ～ 5d。然后视桶内修补状况上下颠倒蜂桶，蜂桶子区朝上，下部空出。蜂桶倒转后，蜂蜜会把子区巢脾与上盖连接，巢脾一部分蜂王产子，一部分储蜜。中蜂在用脾连接上盖的同时，部分工蜂转移至空出的下部接旧巢造出整齐的新脾，成为新的繁殖区，很快蜂王又把产卵繁殖区移步向下，蜂桶上部的子区，等封盖幼蜂出完后，又成为蜜区。改变了原繁殖区和储蜜区的位置。

（三）非生产期的管理

传统饲养中蜂关键的过渡期管理是在非生产期的越冬管理，与西方中蜂及活框饲养的中蜂有所不同，传统饲养的中蜂冬季损蜂最多，究其因首先是受冻死亡，其次是缺饲料饿死。人为能够辅助的，是检查蜂桶外围的泥土不掉，否则加固一层蜂桶外围泥土以保暖。在进入越冬前检查储蜜。方法比较简单：双手拍桶，感觉轻的则饲料肯定不足，要趁天晴温高及早补喂，每箱至少要喂 1kg 以上。其中对于生产有机产品的蜂群，只能饲喂本场生产的蜂蜜，不得以其他物品代用；也有少量蜂场在蜂蜜水中加 50% 的糖作饲料，但这并不适合有机产品的要求。

四、中蜂传统饲养的优缺点

（一）传统饲养的优点

1. 投资少，节省人工费

传统饲养中蜂，利用自然枝条编筐或自然空心木桶甚至管状物体可作蜂具，投资极少。此外，很少需要人为干预蜂群。传统饲养中蜂，可以节省人工费，养蜂人完全可以去做自己的工作。

2. 养殖容易、便捷

首先，根据山区情况选好场地，利用业余时间多编些竹篓等，分散在房前屋后、田埂石坝上即可。其次，只需每年仅在早春惊蛰过后，清扫或熏蒸 1～2 次蜂桶底部，清扫蜡渣巢虫即可。而且，中蜂通过自身采集山区自然蜜粉源植物分泌的精华，以满足群体内部的食物需求，除在蜜粉源植物分泌量严重不足的情况下，不用进行人工饲喂。

3. 蜂群抵抗力强

蜂群抵抗力包括对外界气候变化的抵抗和对病虫害的抵抗。传统饲养蜂群的抵抗力，比现代活框饲养好很多。

4. 蜂群繁殖快

快速繁殖蜂群一直是养蜂人争先要学习的一项技术，但是采用传统饲养技术的养蜂人，却不需要做任何事情，蜂群自己就能快速地繁殖起来。

5. 天然有机，安全可靠

在传统方式饲养下，蜂蜜每年仅取 1 次，天然有机，自然赐予，省时省力。

（二）传统饲养的缺点

1. 不方便检查

不方便检查蜂群是中蜂传统饲养的一大缺点，无法提起巢脾全面检查蜂群，就无法发现蜂群的问题，也就没办法及时给有问题的蜂群进行处理。同时也限制了各种操作。

2. 毁巢取蜜

养中蜂最主要是为了取蜂蜜，而传统饲养蜂群取蜜，只能采用毁巢取蜜的方法来割取蜂蜜，虽然一年割蜜次数少，但是对蜂群伤害极大，而且也极大地浪费了蜂蜜。

3. 无法控制蜂群

中蜂爱分蜂、易飞逃。采用活框饲养，可以在日常检查蜂群时，发现蜂群的异常，从而提前做好防范措施。然而这些都是传统饲养蜂群无法发现和控制的事情。

第二节　中蜂活框饲养方法

一、中蜂活框饲养简史

中蜂新法活框科学饲养是 1920 年以来在引进西方中蜂、活框箱及其饲养技术的基础上，经过过箱饲养，逐渐推广应用发展而来的。

20 世纪初，我国引进了西方中蜂及现代养蜂技术，以福建张品南、江苏华绎之、河北尹福清等为代表的一些养蜂先驱开始用饲养意蜂的活框蜂箱试验着饲养中蜂。由于中蜂体格较意蜂小，喜欢密集，20 世纪 30 年代以后，诞生了比朗氏标准巢框小的巢框和专用于饲养中蜂的蜂箱。

1957 年全国养蜂工作座谈会明确提出了中蜂和外来种蜂并重的方针。农业部委托中国中蜂研究所召开了中蜂养殖工作座谈会，掀起了改良中蜂饲养的热潮。1984—1985 年，中国中蜂研究所又在湖北、四川、湖南、安徽等省组织 15 个县（市）的中蜂活框饲养技术推广工作，共推广 2.7 万多群。同时，在研究了中蜂自然营巢特点和总结各地中蜂活框饲养经验的基础上，中国中蜂研究所和相关单位协作，共同制定了国家标准《中华蜜蜂十框蜂箱》（GB 3607—1983）和农业部标准《中华蜜蜂活框饲养技术规范》（ZB B47001—1988），为中蜂活框饲养技术的规范化、标准化奠定了基础。

二、中蜂强群饲养技术

由于中蜂饲养分蜂性强，蜂王产卵力又较低，难以维持强群饲养，为了进一步发挥中蜂的生产潜能和大幅度提高饲养中蜂的经济效益，需要掌握中蜂的强群饲养管理技术。

（一）采用优质蜂王

采用具有优良特性的蜂王是饲养中蜂强群的保证。采用优质蜂王主要应考虑控制分蜂、选用优良种性和生产性能的中蜂蜂种、采用新蜂王和防止所用中蜂种退化等方面。

中蜂到了流蜜期便开始出现分蜂现象，由于工蜂产生了分蜂情绪，对生产不利，应尽快控制分蜂热。此时，须扩大蜂路，降低巢温；收取巢内贮蜜；调出封盖子脾，加入卵虫脾，以增加工蜂的哺育负担。若分蜂热严重，蜂王已停止产卵，可将蜂箱分为两区：一区为蜂王带两张卵虫脾和部分成年蜂；另一区为其余部分，保持原位。当数日后蜂王重新产卵时，将无王区中的王台全部破坏，两区重新合并为一群。

在中蜂饲养中应选用具有蜂王产卵力强、群势强大、分蜂性弱、高产、抗病力强（尤其是抗中囊病）等特性的蜂种。优良的蜂王可以通过蜂种生产部门获得，但引进的蜂王应在使用地养蜂生产中表现出其优良特性。当蜂场自己培育蜂王时，应注意选择蜂王产卵力强、分蜂性弱、能维持较大群势、高产和抗病力强（尤其是抗中囊病）的蜂群作母群和父群培育新王。

在饲养中蜂的生产实践中，中蜂蜂王一般在使用1年后产卵能力明显下降，导致蜂群群势下降、分蜂性提高，抗病力降低，生产能力下降。因此，在中蜂生产中，一般应1年换1次王，即在春季分蜂季节换王，年年采用新王。有条件的专业性中蜂场，应结合春、冬两个分蜂季节各换1次王，1年换王两次，以为中蜂常年维持强群生产打下基础。

中蜂蜂种退化是中蜂难以维持强群的重要原因之一。迄今，中蜂场大都长期自行培育蜂王，蜂王近亲交配，导致蜂群生活力下降，不能维持其在野生状态下所能达到的群势。在中蜂强群饲养中应重视蜂种退化问题，要定期适当引进良种，或用引进种作为母本，用本场所饲养中蜂中生产性能良好的蜂群作父本培育蜂王，以避免近亲繁殖带来的弊病，防止蜂种退化。

（二）采取双王群或继箱饲养

中蜂群势相对较小，单王群难以维持大群，改变中蜂传统单箱单群饲养的方式，常年采取双王夹箱（简称双王群）饲养是中蜂强群饲养的基本保证之一。目前较易于采用的措施是采取双王群饲养或继箱饲养（图8-12）。

图8-12　继箱饲养

中蜂双王群饲养可以采用朗氏蜂箱十框箱（图8-13）或朗氏蜂箱十二框箱（宽度比朗氏十框箱大约宽80mm）（图8-14）。方法是用闸板将箱内一分为二成两个室，每室养一群，巢门分别开设在箱前方（图8-13A），或一个设在箱前方，一个设在箱侧面（图8-13B）。当巢门均设在箱前时，可采用框式隔王板替换闸板，以消除蜂群偏集现象。流蜜期，可根据实际情况，采用两块框式隔王板将两群的蜂王分别限制在侧壁向1～2框范围内产卵，箱内中央供贮蜜，或用囚王笼将1只王扣起来，用一块框式隔王板将另1只蜂王限制在侧向1～2框范围内产卵繁殖，箱内其他部分供贮蜜。

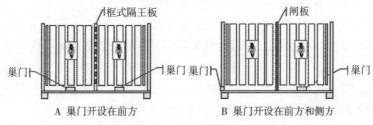

A　巢门开设在前方　　　　　B　巢门开设在前方和侧方

图8-13　朗氏蜂箱十框箱

中蜂双王继箱饲养可以采用中蜂十框标准箱（图8-15），或FWF型中蜂箱（图8-16）。采用中蜂十框标准箱的方法是用闸板将箱内一

分为二成两个室，每室养 1 群，巢门分别开设在箱前方。平时平箱饲
养双王群，流蜜期叠加浅继箱取蜜。采用 FWF 型中蜂箱双王继箱饲
养的方法是用闸板（或框式隔王板）将箱内一分为二成两个室，每室
各养 1 群，巢门分别开设在箱前方，或一个设在箱前方，一个设在箱
侧。该蜂箱其巢框的内围尺寸宽为 300mm，高为 175mm，大小只有
朗氏框的 1/2，每个箱体容纳 12 个巢框，当底箱满箱时，就要像意蜂
上继箱那样，用继箱扩大蜂巢，将子脾调上继箱，并根据需要上、下
调整巢脾，进行继箱饲养。流蜜期，用继箱取蜜，同时限制蜂王产卵
范围。

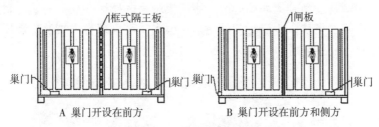

图 8-14　朗氏蜂箱十二框箱

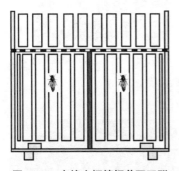

图 8-15　中蜂十框箱饲养双王群

图 8-16　FWF 型中蜂箱饲养的双王群

（三）保持群内饲料充足

充足的蜜粉是中蜂赖以生存的物质基础，中蜂只有在饲料充足的
条件下，才能保证强大的群势。若蜂群内缺乏饲料，会使蜂王产卵量
下降，这不但体现不出双王的优势，还会造成中蜂飞逃。通过观察巢

脾上缘两角可确定群内饲料是否充足，应确保蜂蜜充盈、粉圈花粉充足。当饲料不足时应补喂蜜粉，饲喂的花粉可选用人工粉或脱粉后筛过的花粉，使蜂王感受不到缺蜜，正常产卵，保持蜂群强大。

（四）保持蜂群旺盛的繁殖力

只有保持蜂群的繁殖力旺盛，才能维持强群。应注意以下几点。

1. 奖励饲喂

为了激励蜂群培育蜂子，繁殖期宜采用浓度为30%～50%的糖浆，于每日傍晚，连续不断地对蜂群进行奖励饲喂（图8-17）。

2. 采用新巢脾

中蜂喜爱新脾厌恶旧脾，采用新巢脾为蜂群保持旺盛的繁殖状态提供良好的巢房。由于巢脾的巢房房眼大，可以培育出来的工蜂体大而健壮，而且还可以有效减少巢虫的危害（图8-18）。

图 8-17　奖励饲喂

图 8-18　巢脾

3. 适时扩大蜂巢

要根据蜂群、蜜粉源和天气情况，适时加入空脾或巢础扩大蜂巢。在扩大蜂巢时，能造脾的蜂群，应尽可能采用础框让蜂群造脾扩巢。在新造的脾产满卵后即可再插入础框造脾扩巢。在扩巢时要注意保持蜂群密集，一般以插入空脾或础框后蜂脾比例 1:0.8 至 1:1 为宜，早春中蜂相对较密集更有利于蜂群保温。

4. 加强蜂群保温

采用双群夹箱饲养可以使蜂群互相取暖，除此以外，在早春繁殖期天气较冷，且气温尚不稳定，应在箱内隔板外填充成束稻草至箱内 1/2 ～ 2/3 的高度，再在副盖上加盖草帘或旧棉絮制成的保温垫，用塑料薄膜覆盖蜂团，以防止蜂群因冷空气侵袭紧缩蜂团导致蜂子受冻伤亡（图 8-19）。

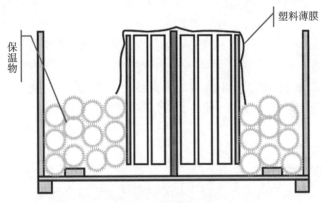

图 8-19　蜂群保温示意

三、人工育王技术

养蜂欲取得高产，首先要选择优良的品种，人工育王就是选育良种的方法之一。人工育王是指通过人造蜡台杯，然后人为挑选优良种群的小龄幼虫，为小龄幼虫提供一个良好的营养条件，培育出一大批具有优良性状的蜂王。

（一）人工育王的条件

1. 丰富的蜜粉源

育王要有丰富的蜜粉源条件。蜂群建造优良的蜂台要在蜜粉源丰富的时期。从蜂群繁殖最高峰算起，经移虫、羽化、交尾、产卵，以至提用，不少于1个月，故应有40d左右的花粉源。在这40d左右的花期中，要能给蜂群提供充足的新鲜饲料，刺激蜂王产卵，提高工蜂哺育的积极性。

2. 温暖稳定的气候

要求有连续晴朗的天气和温暖的气温，最佳的气温平均能够达到20℃以上。进行人工移虫的最佳气温要求在20～30℃，湿度在80%，最好选择在室内或者是避风、明亮、阳光不能直射到的地方。

3. 大量适龄健壮的雄蜂

由于蜂群在自然繁殖时，雄蜂的出现早于处女王，所以在人工育王中也要先培育雄蜂。此时要控制最佳交配时间，一般在育王前17d开始，这样可以保证蜂王与雄蜂都在性成熟时期。在培育雄蜂时，应选择强群、适度紧脾，促使其产生分蜂热，提高蜂群培育雄蜂积极性，工蜂会促使蜂王产下大量的未受精卵。雄蜂幼虫孵化后，应保证蜂群有充足的蜜粉条件。此外，种用雄蜂的数量应适当，保证与处女王顺利交尾。一般春季育王时，雄蜂与处女王数量比为100∶1，秋季育王时为200∶1。

4. 强大的群势

只有强大的蜂群才能育出优良的蜂王。强群必须是健康、无病，并且需要具备各期的中蜂，尤其需要有大量6～8d的适龄哺育蜂，因为蜂群中的幼蜂越多，越利于蜂王的培育。

（二）育王前的准备

1. 蜂群的准备

（1）雄蜂的准备　中蜂的雄蜂，从卵虫到性成熟需要32～34d，而蜂王的时期较短，在19～20d则会成为成熟的蜂王，因此需要在育王的半个月至1个月开始大量培育雄蜂。从其他蜂群中抽出成熟的封盖子脾加入选择好的雄蜂种群中，若是雄蜂种群的群势比较大，可以适当地将巢内进行抽脾，减少巢内的脾，以避免群势密集造成蜂多于脾，发生分蜂热的现象。这时可以将中间子脾的两边下角切下一小块，工蜂就会在切下的小角中筑造出雄蜂房，以便蜂王在雄蜂房中产下雄蜂卵，培育出新的雄蜂。

（2）种用母群的准备　在移虫之前应清除掉种用母群中的雄蜂，以避免近亲交配。在进行移虫的第4d，抽出一些比较破旧的巢脾，在中间插入一张比较新的巢脾，或在6d左右提前插入1张新巢础，并且进行适当的奖励饲喂，让工蜂造脾，蜂王就会在新的巢脾上产下大量的卵，为人工育王移虫提供适量的孵化幼虫。

（3）育王群的准备　可以在移虫的前1d把蜂王脱离蜂群或者直接清除，蜂群在失王的状态下，会产生强烈的育王要求。在没有蜂王的王群中插入育王框，工蜂就会立即清理王台基，此时就可以进行移虫工作。

2. 人工育王工具的准备

（1）育王框　与巢框相似，用小木条组成，长高与巢框相同，宽要比巢框小一半，这样可以使蜂群有保温效果。在巢框内横装3条可以拆卸的小木条，用来粘贴王台基（图8-20）。

图8-20　育王框

（2）蜂蜡　最好使用巢脾的封盖蜡，可以在每次收割时将封盖蜡收集起来，或者将巢脾框梁上出现的赘脾收集起来使用，将蜂蜡放入金属杯里融化做成王杯。

（3）蜡杯棒　用来制蜡杯的小木棒，可以自己加工。使用蜡杯棒之前先用水浸透，方便脱下蜡杯（图 8-21）。

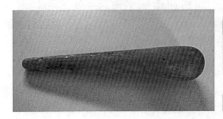

图 8-21　蜡杯棒

（4）移虫针　用有弹性的小薄片做成，材料可用钢片、塑料片、鹅毛的基部等，再剪成长舌状（图 8-22）。

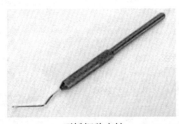

不锈钢移虫针　　　　　　　　　牛角移虫针

图 8-22　移虫针

（三）育王群的组织与管理要点

育王要选择有分蜂热或自然交替倾向的强群，这种蜂群王台的接受率比较高，育出来的蜂王质量比较好。中蜂育王通常采用 1 年以上的老王群，群势最好在 8 框以上，并且群内有大量的适龄哺育蜂（图 8-23）。

育王群要在移虫前 1d 组成，用隔王板将蜂群隔开，一边将蜂王限制在箱内产卵繁殖，另一边作为无王育王区。在育王区内，放两个有蜜粉的成熟封盖子脾和两个幼虫脾，幼虫脾居中。在育王时，育王框插在育王区的两个幼虫脾之间。在育王群群势不足时，应提前 6 ～ 7d 补充老熟的封盖子脾。当采用无王群培育蜂王时，应在组织育王群时将蜂王移除或囚禁于箱内后部底板上。

每隔 3d 要对育王蜂群彻底检查 1 次，要及时将卵虫脾调到育王区；组织育王群的当天至王台封盖，每晚应对育王群进行奖励饲养；育王框两侧的蜂路应缩小成单蜂路（5mm）；无王群育王只能哺育 1 次蜂王，之后应及时诱入王台换王或释放所囚蜂王。

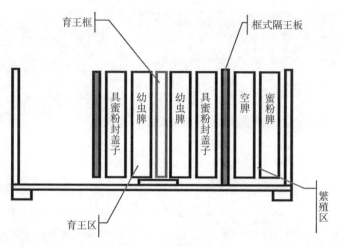

图 8-23　育王群蜂箱结构

（四）移虫育王

移虫育王需要用到蜂蜡台基、育王框和弹性移虫针。

台基安装与修整。移虫当天将蜂蜡台基按 15mm 左右的间距粘固在育王框上，王台数量也不要太多，每个哺育群的育王数量 10 ～ 15 个最佳。移虫前 2h 左右，将安装好台基的育王框插入育王群以便中蜂清理和修整台基，然后取出移虫（图 8-24 和图 8-25）。

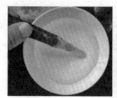

图 8-24　蘸制蜡盏

移虫时，必须选用种用蜂群的幼虫作为育王用的幼虫，日龄最好在1日龄左右，并保持幼虫大小一致。移虫后，将育王框王台口向下插入育王群（蜂路要适当调小一点，注意保温）（图8-26和图8-27）。

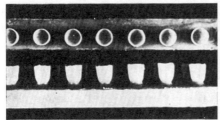

图8-25　粘装蜡盏　　　　　图8-26　1日龄左右幼虫

图8-27　移虫操作

（五）交尾群的组织管理要点

为了使处女王和工蜂认巢，蜂群应尽可能利用地形地势分散排列，将蜂箱前面涂上不同颜色；交尾群要在中蜂出巢前或归巢后进行检查，避免在蜂王婚飞时间开箱，因为蜂王婚飞时开箱容易造成婚飞后的蜂王不能及时回到自己的蜂群而失王，中蜂一般在出房后1周左右的晴朗天气婚飞；检查内容包括蜂王是否存在、蜂王是否交尾、蜂王是否产卵、贮蜜情况、蜂数情况等，出现异常情况应及时处理；检查已经成功交尾的蜂群时要轻、慢、稳，避免惊扰处女王（图8-28至图8-30）。

图 8-28 交尾群分散排列

图 8-29 巢门前做显著标志

图 8-30 检查交尾群及蜂王情况

四、人工分蜂技术

中蜂的唯一缺点是分蜂性强，分蜂是蜂群发展的本能，也是蜂群数量增加的唯一方式，处理分蜂是中蜂养殖中的一个重要环节。在人工饲养条件下，分蜂的形式有自然分蜂和人工分蜂两种。自然分蜂是蜂群根据外界自然环境结合群内情况自然发生的蜂群分群；人工分蜂是饲养者根据外界气候、蜜源和分群状况，有计划地人为将一群峰分为两群乃至几群的过程。人工分蜂可增加蜂群数量，扩大生产，能按计划在最适宜的时期繁殖新蜂群，同时有效避免蜂场自然分蜂造成的损失和管理上的不便，是养蜂人增加养蜂生产规模的主要方式（图 8-31）。

（一）人工分蜂的时间

自然分蜂是由于在气候温暖、蜜粉充足时，群体壮大达 4～5 框蜂，使得巢内拥挤，通风不良，蜜粉充塞，卵圈受压，缺乏造脾发展余地等。此外，大群、老蜂王也易发生分蜂，从而导致工蜂减少饲喂蜂王，蜂王减少产生和传递蜂王物质，最终促成中蜂筑造王台，逼迫蜂王向王台基产卵，促使蜂群发生自然分蜂。一些养殖场群数较多

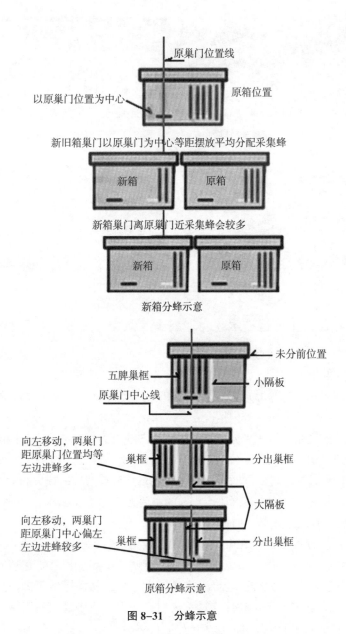

图 8-31 分蜂示意

时，会采取人工分蜂。为保证蜂群的采蜜量不会减少，人工分蜂要在距离当地大流蜜期45d以上，蜂群已发展至满箱时进行。当发现蜂王已在王台基内产卵或者台基内的王虫达3～4日龄时，可剪去蜂王一边翅膀的3/5。王台的发育日期：3日卵期，5日幼虫期，8日封盖期。一般在王台封盖至第5～6d，即王台下部的茧已露出并呈偏黄黑色时，可进行人工分蜂。

（二）人工分蜂的方法

1. 均等分蜂法

选择6～7框蜂的强群，将蜂箱拿开，在原箱正中左右两边放置2个间隔1m的蜂箱，巢门开口相同，把原有群的子脾、蜜脾和中蜂平均放入两个蜂箱内。一个箱放入原来的蜂王，另一个箱诱入1只新产卵蜂王或者成熟王台，也可两箱都诱入成熟王台，但保证仅保存最好的1个王台。放置好后，采集蜂回巢时，找不见原来位置的蜂箱，会不得已飞向左右两侧箱内。为保证中蜂数分得平均，须调节两个箱的远近距离（中蜂较少的一箱，向原位置移近些；蜂多的那箱移远一点，两边均衡后停止移动蜂箱）。等距离均衡分蜂要注意以下3点：一是要早分，如果蜂群已经起台，越早分越好，防止分蜂后工蜂分蜂情绪尚在，驱动老王带走两边部分工蜂再次分蜂；二是分蜂后要逐步向两边拉开蜂箱距离，以便于日后常规管理；三是晚秋和冬季不能分蜂。

此法的优点是对蜂群影响较小，可在较快的时间内化解"分蜂热"，有利于新分群蜂王交尾不成功后的蜂群合并。不足之处是易受地域限制，不能无限期等距离均衡分蜂，长期等距离均衡分蜂会造成蜂群摆放过于集中，增加盗蜂的概率（图8–32）。

2. 远移分蜂法

针对6～7框的强群，把箱里的子脾、蜜脾和中蜂平均放入两个蜂箱内。原箱诱入成熟王台，并留在原地。新分蜂群放入原来的蜂王，立刻搬到3000m外的新地址，打开巢门，30d后再移回场内。

此法的优点是分蜂后没有回蜂，避免盗蜂的发生，两箱群势相当，蜂群发展快，出勤积极，适合蜂群数多的蜂场。不足之处是新老两蜂场地管理不方便且劳动强度大（图 8-33）。

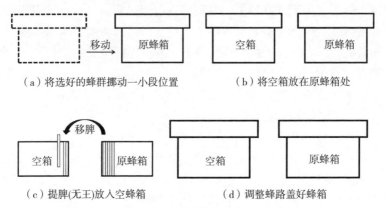

（a）将选好的蜂群挪动一小段位置　　　　（b）将空箱放在原蜂箱处

（c）提脾(无王)放入空蜂箱　　　　（d）调整蜂路盖好蜂箱

图 8-32　均等分蜂法图示

3. 原场近距离移动分蜂法

蜂群起台后将原箱搬离原址 10m 以外，找到蜂王提一框放入新分群蜂箱，再加两块空巢脾，放在原址，原箱的老蜂会飞到新箱内，当天下午观察新分群蜂量，若原箱群蜂量较少，蜂少于脾，可再抽一脾抖蜂入原箱后，将脾放入新箱，直到两箱蜂脾对称，原箱留一最大王台，除去多余王台。

此法优点是可以任意定地分蜂。不足之处是回蜂严重，新分群通常 10d 后才能恢复正常采集，容易造成幼虫受冻等。因而，此法要注

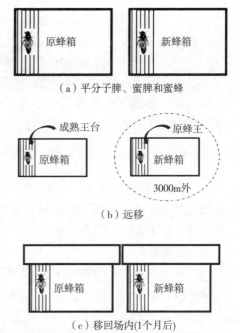

（a）平分子脾、蜜脾和蜜蜂

（b）远移

（c）移回场内(1个月后)

图 8-33　远移分蜂法图示

意分蜂时机的选择，分蜂通常选在天气温暖的蜜源前期或中期，蜜源后期不宜进行分蜂，以防止发生盗蜂。此法分蜂发生回蜂的概率与王台成熟程度呈负相关，因而分蜂最好选在王台成熟期，越晚越好（图8-34）。

4. 仿天然分蜂法

蜂群发展强壮并造有王台时，可将原群移开 1.0 ～ 1.5m，原位置放一新箱，由原群提来子脾 1 框，上面带中蜂、蜂王（但不要有王台）和带蜂的蜜脾 1 框放入。同时在新箱内补加空脾 2 ～ 3 张，再由原群提出不带王台的中蜂 3 框，将蜂扫落于新箱门前，仍把巢脾送回原群内。放在新址的原群不须幽闭，有一部分采集蜂将飞到原址的新箱内。原群选留一个优良的封盖王台，其余的王台完全割除，并加以奖励饲养。此法优点和缺点同均等分蜂相似。

（三）人工分蜂后的管理

人工介入王台后，根据王台发育日期，应检查新王是否按时出台、行动是否正常、双翅是否残缺。若新王正常，出台后第 3d 即出巢试飞熟悉蜂巢位置。如果人工分蜂后，蜂群还是过于强大，分蜂热尚未解除的人工分蜂群往往还会再次自然分蜂。新王 5 ～ 6 日龄性成熟，开始外出交尾，交尾成功后第 7 ～ 13d 即可产卵，超过 15d 未产卵的蜂王应淘汰。交尾成功的新蜂王产卵以后，可以每隔 7d 补 1 框从强群提出的带幼蜂封盖子脾，之后补不带蜂的将出房的封盖子脾，

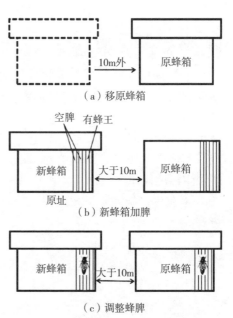

图 8-34　原场近距离移动分蜂法图示

以补成能迅速发展的蜂群。

新分群的群势较弱，采集能力差，易被盗。在缺乏蜜源时，应在傍晚立即补充饲喂，保持充足饲料，并且缩小巢门，防止盗蜂。因蜂数少，新分群在气温较低时要加强保温。

总之，应在合适时间灵活运用分蜂方法，在保证蜂群发展、不影响生产的前提下，高效增加蜂群数量、扩大蜂场规模。

五、中蜂活框饲养的优缺点

（一）活框饲养的优点

①作为新法科学的养蜂方式，能从蜂箱中提出来活动的巢框筑巢造脾，每张巢脾大小一致，另外巢础造脾，筑造巢脾节省了中蜂的劳动与饲料消耗，可根据管理需要进行逐框检查。

②可分离取蜜，不毁坏巢脾。

③方便管理，提高效率，极适合机械化、标准化、规模化的现代养蜂业产业化发展。

（二）活框饲养的缺点

①我们现在所使用的中蜂现代活框技术，是一套模仿意蜂现代活框的技术，并不是专为中蜂而创造的技术，必定有一些方面不适合中蜂。

②在管理方面，人为干扰过多。主要表现在没有目的频繁开箱检查，不适当地加脾扩巢和放大蜂路，违背了中蜂喜欢在黑暗安静的环境中生活的规律。

③在生产方面，出现了勤取蜜、取稀蜜等掠夺式取蜜的生产方式。

第九章　中蜂的四季管理技术

所谓蜂群的四季管理，指的是根据不同季节的气候变化及由此而带来的呈规律性变动的蜂群内外各种条件，采取相应合理的技术措施，使蜂群尽量处于当时最佳的发展状态和生产状态，进而能获得较为理想的各种养蜂收益。

气候的变化直接影响中蜂的发育、繁殖和生活，间接地影响蜜粉源植物的流蜜和吐粉，同时也会影响中蜂病敌害的发生与发展。每年从春至冬，养蜂管理大致可分为恢复发展时期、强盛时期、衰退时期及断子时期等4个时期，但这4个时期并不能一一对应于春夏秋冬4个季节，只是因为养蜂管理同样要遵循气候周年变化的固有客观规律，所以我们习惯性地把这种管理称为四季管理。由于各地气候及蜜源的差异，在不同地区这4个时期所处的时间也不尽相同，尤其是我国南北纬度跨度较大，当南方已是春意盎然时，北方仍是千里冰封，这种时间的差异就更加明显，举例来说，蜂群的恢复发展时期在华南地区多处于秋季，长江流域地区多处于冬春之季，而华北地区则多处于春夏之季。所以，养蜂员应根据当地蜂群的季节性变动规律，因地制宜、因时制宜地采取不同的管理措施，在不利的时期尽量保存蜂群的实力，而在有利的时期则尽量发展蜂群的群势，使蜂群最强盛、采集蜂最多的时期，恰好与主要流蜜期或授粉期相吻合。这是奠定养蜂高产稳产的基础，也是养蜂技术的集中体现。

第一节　中蜂蜂群恢复发展期管理

经过越冬后的蜂群，随着外界气温的逐渐回暖，开始由越冬时的停卵断子时期进入恢复发展时期。由于在冬季没有任何新的工蜂出生，故此时蜂群内的所有工蜂都是去年越冬前出生的。尽管在漫长的冬季这些工蜂没有从事任何采集等工作，也几乎没有什么大的运动，新陈代谢降到最低，故而衰老得很慢，但到此时它们都已很老了，如果在冬季长达数月的地区，情况更是如此。所以此时期的第一个目标就是要尽快培育出一批新的工蜂接替已衰老的越冬工蜂。根据中蜂的发育进度可知，从蜂王在工蜂房中产下受精卵到发育成工蜂，所需时间为 20 ～ 21d，而蜂王每天的产卵量此时还不可能达到最大，一般在每天数百粒左右，故而要将蜂群内所有老蜂都替换掉，最快也得 35d 左右，慢的可能要 50d 左右。其时间的长短，与蜂群的群势、蜂巢内子圈的温度稳定性、蜂群内的食物丰欠密切相关。强群、子圈内温度稳定、食物充足者所需时间较短，反之则所需时间就长。作为蜂群管理者，所要做的就是采取合理及必要的措施，增强蜂群的群势，尽量满足蜂群对温度及食物的要求，为蜂群的新老中蜂交替创造最佳的巢内外环境。

一、恢复发展期的基本情况

由于我国地域广阔，南北差异比较大，冬季停卵的地区，恢复发展期均开始于春季；而炎暑停卵的地区，秋季就成为恢复阶段。在长江流域，通常在大寒至立春前后，蜂群即开始进入恢复发展时期。此时的外界平均气温一般在 5 ～ 10℃，最低气温可降到 0℃以下，最高气温可达到 15 ～ 20℃，忽冷忽热，并经常有"倒春寒"发生，表现出明显的不稳定性。此外，频繁的降雨及阴雨天气增加了保存蜂群内热量的难度，也阻止或妨碍了中蜂的巢外飞行活动。一些花期很早的蜜源植物如早油菜已开始开花，但频繁的雨水和多变的气温可能严重影响这些蜜源的泌蜜，使得早春蜜源在不同年份的泌蜜量出入较大；相对而言植物产生的花粉量受气温及降雨的影响较小，故蜂群一般能得到比较稳定的进粉量。越冬时蜂群内部分工蜂会衰老死亡或病死、饿死、冻死，使得蜂群的群势下降得比较厉害，急需恢复。

二、管理事项

（一）促进中蜂飞行排泄

越冬时中蜂无法外出，所产生的粪便全部积压在体内的后肠中，急需飞出巢外排便。为此，要选择一个晴暖无风、气温在8℃以上天气，于中午时分，促使中蜂外出排便。先将蜂场四周的积雪、杂物扫除干净，再取出箱内外的保温物翻晒，打开箱盖，让阳光晒暖箱内。中蜂在身体变暖后翅膀就能灵活地扇动，自会外出排出体内积粪。待中蜂排泄完毕返巢后，应立刻恢复蜂箱的内外保温物及防雨包装，未晒干的应及时更换。

（二）箱外观察及快速检查

在中蜂外出飞行时，可仔细进行箱外观察，凡怀疑有问题的蜂群，应在蜂箱上作上简洁的标记。如缺蜜群可在箱体上用粉笔写上"缺蜜"或"蜜"，失王群写上"失王"或"王"等。待全部蜂群都观察完后，再来有针对性地快速检查被标记的可疑蜂群，如怀疑缺蜜，可抽看边脾上是否有储蜜，怀疑失王，则抽看中央巢脾等。特别要注意无中蜂飞出或飞出很少的蜂群，要开箱看个究竟，一旦怀疑得到证实，应立刻做出相应处理。缺蜜群要加入储备的蜜脾或进行补助饲喂。看到中蜂已经饿晕而不能动弹时，可用温蜜水喷雾到蜂团上，等中蜂苏醒能活动后，再进行补助饲喂；失王群要合并到有王群中。如果有储备蜂王，也可通过介绍蜂王的办法来处理；群势太弱的可与邻近的蜂群组成双王群，或就近与其他蜂群合并。

（三）全面检查及换箱消毒

选择一个好天气，在10:00—15:00时间段内，两人一组地尽快对全场蜂群进行全面检查，摸清所有蜂群的详细情况，包括中蜂、蜂蜜、花粉的数量，蜂王是否开始产卵，已经产卵的要掌握大小幼虫和封盖子的数量等。有条件的蜂场在全面检查的同时，可为全场的所有蜂群换上经消毒的新箱。即先将蜂群搬到原位的后方，在原位上放上已消毒的新蜂箱，巢门的位置要保持不变，再将老箱内所有巢脾连同中蜂逐一提出，全面检查记录后放入新蜂箱内即可。清除老箱内的死蜂及所有污物集中烧毁或深埋，快速处理有问题的蜂群，缺蜜的补蜜，缺粉的补粉，缺王的介绍蜂王，群势过弱的合并，抽出多余的巢脾使蜂多于脾等。换下的老箱事后要尽快用喷灯火燎消毒。这次全面检查养蜂术语称作"定群"。经过定群后，就可以此为依据，组织蜂群产卵育虫，逐渐恢复群势，也就是可以开始被养蜂人称作"春繁"的工作。

（四）防治蜂螨

趁蜂群内还未出现封盖子的有利时机，对全场蜂群开展全面而彻底的防治蜂螨工作。由于此时还没有封盖子房的蜡盖保护，施用的药剂可以直接作用于蜂螨身体上，故而药效较好。如果蜂群中已经出现封盖子脾，应将其从蜂箱中抽出放在另外的空箱中，待所有的封盖子都出房后另外单独防治蜂螨。防治蜂螨此时宜使用水剂药物，对中蜂的刺激较小，而不宜使用熏烟剂。一般经过 1 ～ 3 次用药后就能将蜂螨的基数压到很低的水平，此项工作对全年蜂群基本不受蜂螨的影响关系重大。

（五）蜂巢保温

一旦蜂王开始产卵，工蜂就会将子圈内的温度尽力保持在 35℃左右。而此时外界的气温往往只有几摄氏度到十几摄氏度，与子圈内的温差很大，外界气温与子圈的温差越大，就意味着工蜂为保持子圈的恒温所需要消耗的能量就越大。如果能靠人为的帮助而减少这种能量的消耗，则蜂群的恢复和发展就会变得比较容易和快速。因此，保温对蜂群的早春繁殖意义重大。

1. 双群同箱

经全面检查掌握蜂群的详情后，可根据蜂群的群势、蜂王的有无及质量等具体情况，就近组织双王群，即把距离较近的两个蜂群安排在一个蜂箱内春繁。先把一个蜂箱的中央插入一块闸板，把一个蜂群的巢脾放在箱内某一边的闸板旁，边脾外再放上隔板，隔板外填放上内保温物，再把另一个蜂群的巢脾放在箱内另一边的闸板旁进行同样的安排，使两个蜂群以闸板为中心来摆放巢脾，并各开巢门出入。这样的安排可使两群蜂在阴冷的早春能相互取暖，大大减轻工蜂的保温负担。

2. 抽脾紧巢

刚开始春繁时，把每个蜂群的巢脾数量尽量减少，使蜂明显多余脾，有 3 框中蜂的只留 2 个脾，4 框中蜂的留 3 个脾，这样在每张巢脾上中蜂的数量都能足够较好地完成保温及哺育幼虫等工作。反之，如果脾多蜂少，各脾上的工蜂数量不足以应付繁重的保温及哺育工作，幼虫就可能因温度或营养不能达标而发育不良。当遇到"倒春寒"时，工蜂只能缩小保温范围，这样，处于边脾上的幼虫就会被冻病或冻死，严重影响蜂群的恢复速度，甚至可能致使春繁失败。

3. 加装内外保温物

凡是箱内没有放置巢脾的多余空间，像隔板的外侧、副盖上下等处，可填充旧棉絮、旧衣物、稻草把等内保温物，减少热量从蜂巢中散发的速率。除内保温物外，箱外的外保温物一般使用稻草或野草材料。在箱底下要铺垫一层稻草，箱顶及箱后壁、两侧壁要盖上草帘，只留开有巢门的箱前壁不做外保温物包装。

4. 填塞箱缝隙

把蜂箱上木板间的缝隙、孔洞、裂缝等堵死，或用报纸及糨糊糊严实，防止冷风吹入蜂巢内。

5. 缩小巢门

刚开始春繁时，巢门的大小宜尽量缩小，以 1 只中蜂能进出为宜，以后蜂群发展后再逐步扩大开放程度。巢门的朝向不宜正对常吹冷风的方向，一般朝南向较好。如果蜂场比较开阔而通风良好，巢门不能正对着巢脾，应开在边上，以免从巢门中进入的冷风直接吹入蜂巢的子圈中；而如果蜂场比较闭塞、通风不良，则处于南方地区的蜂群巢门宜正对巢脾，利于排出巢内潮湿污浊的空气。

6. 尽量少开箱

由于蜂箱内外的温差很大，每次开箱都会丧失大量的热量，这对工蜂保持子圈内温度的恒定是不利的，因此，每次开箱都应有明确的目的性，并尽量减少开箱的时间。可多通过箱外观察来了解蜂群内的基本情况。

7. 防雨防潮湿

南方早春雨水多，大半天气里是阴雨天气，如果箱内外保温物被淋湿，则不但不能起保温作用，还会吸收大量的热量。因此，要用塑料薄膜由箱底到箱左右及箱后，最后盖到箱顶上，包严蜂箱，防止雨水落到或溅到箱体上。在天晴时要打开薄膜透出湿气，并抓紧机会翻晒内外保温物。

（六）奖励饲喂

早春外界蜜源较少，而哺育新蜂需要较多的蜂蜜和花粉。通过奖励饲喂蜂蜜和花粉，不仅能满足蜂群对食物的需要，还能刺激蜂王产卵及工蜂育儿。需要注意的是，奖励饲喂会使工蜂误以为外界有蜜源植物开花流蜜而兴奋地外出采集，不仅浪费体力，还有冻死野外的危险。所以在天将黑时再喂较好，能把这种兴奋性尽量减到最低。刚开始春繁时，蜂王的产卵量不大，所要消耗的饲料不多，可以隔天喂 1 次，以不造成蜜粉压脾为度。待蜂群内幼虫渐多，消耗渐大时可每天喂 1 次，最好当天所喂能当天吃完。当外界有蜜粉进巢时，可酌情适当减少饲喂量。

（七）喂水喂盐

在蜂场内设立喂水器，为工蜂采集干净清洁用水提供方便。可在喂水器上放置盐 500g，结合喂水给中蜂。

（八）适时加脾扩巢

经过 30 ～ 45d，第一个目标即蜂群内的新老交替已基本完成。随着外界气温逐渐上升并趋于稳定，蜜粉源植物的陆续开花，蜂群的食物来源逐渐丰富；蜂王的产卵量也由开始的每天几十粒、上百粒逐渐增高到正常水平；新培育出的一代工蜂的哺育力是越冬代的 3 倍，大大得到增强。上述条件已基本能满足第二个目标，即蜂群快速增殖的要求。

此时巢内的各巢房可能会被各龄幼虫、封盖子及新进的蜜粉所占据，不再有足够的空房供蜂王产卵之用。为缓解蜂房紧张的矛盾，应给蜂群加入新的巢脾，以供蜂王产卵及工蜂储存蜜粉之用。但此时的蜂群群势仍不强，保温护脾能力仍然十分有限，因此每次加脾都应十分慎重，一定要保证在蜂多于脾或至少是蜂脾对称的前提下才能加入一张脾。加脾前先在巢脾上喷点蜜水，再插到隔板的内侧，隔 5d 左右查看所加新脾上的产卵情况。如果已被蜂王产满卵，可将该脾抽出并插到蜂巢的中央，然后在确认蜂脾对称的前提下，再加入一张新的产卵脾。加脾时不能操之过急，正所谓欲速则不达，如果想尽快恢复群势而加脾过多，子圈扩张太快，一旦寒潮来袭，外围的幼虫就可能因蜂群收缩护脾范围而受冻死亡，大大减缓蜂群的复壮速度，甚至出现春衰。刚开始时宁愿慢一点、缓一点加脾，待蜂群群势开始显著增强后再提高加脾的速度。

（九）拆除保温物

当蜂群群势逐渐强大到足以自如地调控巢内温度时，箱内外的保温物就会显得多余甚至有害无益，因为保温物对空气的流通及巢内湿气的散发是有阻碍的。中蜂具有调节蜂巢子圈内温度于恒定 35℃ 的本能，可通过聚集成团、吃蜜增加新陈代谢及肌肉的运动等方式来产热增温，还可以通过离脾疏散、扇风及蒸发水珠等方式来散热降温，所以最好的保温物是中蜂本身。当蜂群群势强大后，人为地保温会使蜂群感到闷热而不停扇风，徒然消耗体能及食物，造成所谓的"热伤"。所以当群势达到接近满箱时要适时地撤除保温物，先撤强群，后撤弱群；先撤外包装，后撤内包装；先撤上面，后撤四周，最后箱底；南方雨水多，防水薄膜应最后撤除。在长江流域一般到 3 月下旬箱内外的保温物都要撤除。

（十）加础造脾

新一代工蜂到 13～18 日龄时是分泌蜂蜡的最佳时机，可利用春季外界丰富的蜜粉源资源筑造品质优良的巢脾。从春繁算起经过 40d 左右，蜂量达到 6 框以上，有白色新蜡时，可结合加脾而加入巢础框造脾，让蜂群的泌蜡能力能得到充分地发挥，借机完成当年的部分造新脾的任务。

（十一）添加继箱

当蜂群发展到满巢箱，蜂量达到 8 框以上，子脾 7～8 框，其中封盖子脾占到 50% 以上时，应及时为蜂群添加继箱，使其发展不会受到巢内空间的限制。将封盖子脾、幼虫脾、蜜粉脾各2张提到继箱中组成生产区；巢箱中则加入1～2个空脾，与原来剩下的4张脾组成繁殖区。待以后蜂群进一步发展之后，可从巢箱中再提1～2个封盖子脾上到继箱中，巢箱中继续加入空脾或巢础框。

（十二）培育新王

当蜂群处于快速增长状态时，要选择表现优良的蜂群作为种用母群和种用父群，及早培育新王，为即将到来的人工分群工作做准备。春季为蜂群更换新王，可保持蜂群较高的产卵力及强大的群势，预防蜂病及自然分蜂的发生，是保证全年生产的有力措施之一。

第二节　中蜂蜂群强盛期管理

蜂群的强盛期指的是一年中蜂群内中蜂的数量最多，采集力、泌浆力等生产力最强的时期，也是养蜂的生产期。在长江流域其时间大约在4月的上中旬即进入蜂群的强盛期。

一、强盛期的基本情况

在蜂王的产卵高峰期过后，随着新蜂的不断出房，群内中蜂数量呈直线上升，强群已出现分蜂情绪，而中等群势的蜂群则仍然处于发展阶段。外界丰富的蜜粉源为蜂群的发展提供了食物基础，使得蜂群内饲料充足富余，也成为促使蜂群产生分蜂热的外部必要因素。就生物的繁殖本能而言，蜂群的分蜂是迟早不可避免会发生的，而一旦发生自然分蜂，蜂群的群势就将大幅度地下降，其生产能力也势必大大降低，所以解决蜂群分蜂热的产生与保持强群进入养蜂生产之间的矛盾是这一时期面临的主要问题。

二、管理事项

（一）保持强大的群势

蜂群的强盛期一般正是处在当地大蜜源流蜜期的前后，是一年中最主要的生产时期。为获得蜂产品的高产稳产，必须在此期内尽量保持蜂群强大的群势。

1. 适时人工分群

如果蜂群的分蜂热产生较早，离主要蜜源开花尚有 45d 左右时间，可以采用单群平分的办法人工为蜂群分群，并将预备的新王介绍到新分群及原群中。经过 45d 的发展后，两群蜂都能成为生产强群。

常见的情况是，蜂群强盛而产生分蜂热时，离大流蜜期已为期不远，倘若此时发生自然分蜂，蜂群的群势将无法满足蜂蜜生产的需要。所以此时不能单群平分，可用强群补助弱群的办法来解除强群的分蜂热，并使弱群尽快变成强群。或者实行混合分群，在基本不影响强群群势的前提下增加新群。

2. 更换新王

新王所产生的蜂王物质的质与量均较老王更佳，可保持较强的群势而不产生分蜂热。新王的产卵能力更强，巢内小幼虫就更多，可使蜂群内的保姆工蜂所分泌的蜂王浆能被更多地消耗，蜂群就比较不容易产生分蜂热。新王群培育幼子所消耗的饲料也较多，可刺激工蜂的工作积极性，使得蜂群的采集力和育虫力都能得到更好地利用，为蜂蜜、蜂王浆等蜂产品的生产及随后的蜂群顺利越夏打好基础。

3. 适时取蜜

由于外界丰富的蜜粉源植物陆续开花，此时蜂群的进蜜、进粉量都较大，当蜂群内储蜜、储粉充足时，应适时摇出蜂蜜，腾出空房给蜂王产卵及工蜂储存新蜜。当花粉脾多时，可提出一些粉脾保存于仓库中，以备此后补喂花粉之用。只要蜂巢内不出现蜜粉压脾的情况，蜂群就不容易产生分蜂热。

4. 生产蜂王浆

造成分蜂热的主要原因之一是保姆工蜂的相对过剩，使得哺育蜂所分泌的蜂王浆消耗不完而促成分蜂热的产生。据此，可及时生产蜂王浆，既能得到大量价格较高的蜂产品，又能解除或缓解蜂群蜂王浆过剩的问题，可谓一举两得。

5. 筑造新脾

除蜂王浆可能过多外，强群内 13 ~ 18 日龄工蜂所分泌产生的蜂蜡量也较多，要及时添加进巢础框让蜂群筑造新脾，淘汰老脾劣脾，使蜂群所产生的新蜡能得到充分利用，这也有利于缓解分蜂热的产生。

6. 注意遮阴及通风

随着夏日的到来，气温日益升高，蜂箱不能在阳光下暴晒，以免巢内温度过高而加重蜂群的降温负担甚至熔化巢脾。一定要将蜂箱放在通风良好的树木、屋檐等遮阴物下，让午后的阳光不能直射到蜂箱上。如果没有现成的遮阴物体，可人工搭建棚架遮阴，或种上一些藤本植物爬上棚架为蜂群挡住炙热的阳光。

蜂巢内的蜂路要适当放宽，可放 10 个脾的蜂箱只放 8～9 个脾，使巢内空气的流通较为顺畅，对中蜂保持巢中的适宜温湿度帮助很大，同时较宽的蜂路也有利于蜂群的酿蜜作业及储存蜂蜜。巢门要根据群势和气温适时扩大，不仅利于蜂巢的通风降温，也方便采集蜂的进出而不至于拥挤。此外要注意巢门的朝向多以朝南较好。

7. 定期检查毁台

一旦蜂群形成分蜂热，要每隔 5～7d 检查 1 次蜂群，发现自然王台要及时毁除，暂时可缓解自然分蜂的发生，再进一步采取上述多种措施，以解除或延缓分蜂热。

（二）组织生产群

当大蜜源流蜜即将来临前的 10～15d，要在全面检查了解各蜂群的基本情况后，人为地调整各蜂群的群势，组成一定数量群势特别强大的生产群。经试验发现，10 个 20 框群势的蜂群的产蜜总量比 20 个 10 框群势的蜂群的产蜜总量要高出不少，也就是说，在中蜂总量相同的前提下，可把全场的中蜂尽量集中到若干个蜂群中组成生产群，这样的方法是能够提高蜂蜜的产量。那么是不是把全场所有的中蜂组成一个超级强群所生产的蜂蜜是最高的呢？可这样做是不切实际的，一则没有那么大的蜂箱来装下如此多的中蜂，二则蜂群一大就容易分蜂。一般来说，中蜂的群势达到 14 框（3 万～4 万只），意蜂的达到 20 框（5 万～6 万只）就已达到极限。故而组织生产群的基本原则就是在保证不分蜂的前提下，尽量增加蜂群内的工蜂数量，以夺取蜂产品生产的丰收。

1. 主副群搭配

将蜂场中的强群与弱群一一相互搭配，或一个主群搭配若干个副群，强群为主群担任生产任务，弱群为副群担任繁殖任务。在大蜜源到来之前可用主群的封盖子脾补助弱群发展群势，同时主群也因部分中蜂被抽走而不产生分蜂热；当大蜜源迫近时，则将副群的封盖子脾抽到主群中加强主群成生产群，并在大流蜜期间不时地将副群的封盖子脾抽给主群补充采集生产的新生力量，而将主群的幼虫脾抽给副群抚养，减轻主群的哺育负担。此外，如果大流蜜的花期很短时，可用蜂王产卵限制器或囚王笼暂时限制蜂王的产卵量，使主群能将更多的力量集中到蜂蜜的采集和酿造工作中。

2. 双王群

双王群的产卵量大，因而可能使蜂群的哺育负担过重，影响蜂群的生产力，故一般认为不宜用双王群采蜜。但双王群有两只蜂王，所产生的蜂王物质能保持更加强大的群势。若能善加利用这一优势，则蜂群的采集力就能得到较大地提高。至于哺育负担较重的问题，可通过在大流蜜期间人为限制蜂王产卵量的办法来解决。例如可用蜂王产卵限制器将双王群中的某一只蜂王限量产卵或用囚王笼使其停卵一段时间，也可通过对两只蜂王轮流限产的措施来控制蜂群中的产卵数量，即将两只蜂王轮流放入蜂王产卵限制器中，使其轮流休息，轮流产卵，这样蜂群中的幼虫数就不会太多而占用更多的哺育工蜂。此外，还可以将双王群的幼虫调给其他蜂群代为哺育，也能帮助其减轻育虫负担。

组织双王群的常用方法是在巢箱中央插上闸板，把巢箱分成两个小区，每个小区各放一只蜂王，巢箱与继箱之间则用平面隔王板限制蜂王进入继箱。这种方法在我国应用较为普遍，其优点是所需工具不多，简单易行，且生产蜂王浆较方便，但管理起来比较费工费时，每隔 4～5d 要检查调整 1 次，且每次调整都要找到蜂王，以免调脾时误将两只蜂王调到同一小区中而发生蜂王决斗的事故。

另一种组织双王群的方法是在巢箱上叠加两个继箱，巢箱与继箱间及继箱之间均设放平面隔王板，将两只蜂王分别限制在巢箱和第一继箱中产卵，第二继箱作为生产区。这种双王群蜂王产卵不受限制，产卵量较大，蜂群在恢复发展期群势上升快，管理上比较粗放省力，但对蜂种保持强大群势的能力要求较高。

刚开始组织双王群时，先将两群蜂分别饲养在用闸板隔开的巢箱的两侧，各留1只同龄的蜂王。待群势强大后即可上继箱发展成生产群。如果没有储备蜂王组织双王群时，可以把单王群发展到满箱后，提出1～2张封盖子脾和1～2张蜜粉脾放入继箱中，继箱的旁侧或后面另开一小巢门供继箱内中蜂出入。在继箱与巢箱间放上纱网副盖暂时隔离两群，使继箱内保持无王状态2～3d后，诱入1个成熟王台，待处女王婚飞成功后，用平面隔王板取代原来的纱网副盖，并将开在旁侧或后面的巢门调向前方，使上下箱的工蜂能通过隔王板联通。待蜂群群势强大后，再在继箱之上加上第二继箱，继箱间也用平面隔王板分隔开，形成一个强大的双王生产群。

3. 蜂产品生产

对一般蜂场，尤其是对定地饲养经营的蜂场来说，大流蜜期是一年中主要的蜂产品生产期，也是养蜂生产最为繁忙的时期。除生产蜂蜜和花粉外，饲养意蜂的蜂场一般还会生产蜂王浆、蜂胶及雄蜂蛹等产品。此外，利用蜂群中众多的13～18日龄工蜂筑造巢脾也是此期重要的生产任务。南方夏季先后开花的主要蜜源植物有4月底的柑橘，5月的枣树，6月的乌桕、荆条，7月的棉花等，在不同地区会有所不同。由于生产任务繁重，中蜂的寿命一般都会缩短，中蜂消耗较大，而培育新蜂要消耗大量的饲料。如果只有1种主要蜜源植物，在主要蜜源花期之后没有其他较大的蜜源植物开花，应在主要蜜源流蜜期间限制蜂王的产卵量，减少生产群的哺育负担。因为此时培育的新蜂，对生产而言已是"马后炮"了，不能赶上生产季节。但为了生产而限制蜂王产卵，到了后期蜂群群势就会下降，就可能会影响下一阶段或下一花期的生产。所以如果在大蜜源之后又有较大的蜜源植物开花，则不能限制蜂王产卵，相反，应尽量为蜂王产卵繁殖创造良好的巢内环境条件，使蜂群能不断得到新生力量的补充，为下一花期的生产打好基础。总之，在这一阶段要根据当地蜜源的特点相应处理好生产、繁殖和控制分蜂的关系，保证蜂产品的高产稳产。

强大的生产群既是生产蜂蜜的主力军，也是生产蜂王浆、花粉、蜂蜡等其他蜂产品的主要力量。据试验测定，生产蜂蜜与生产蜂王浆、花粉、蜂蜡等产品之间不存在冲突，就是说一个强群如果只生产蜂蜜，其蜂蜜的产量并不比让该蜂群既生产蜂蜜，又生产花粉、蜂王浆等多种产品时的蜂蜜产量更高，这主要是因为不同的产品生产是由不同日龄的工蜂承担的，例如蜂蜡主要是 13 ～ 18 日龄的工蜂分泌的，蜂王浆主要是 6 ～ 12 日龄的工蜂分泌的，蜂蜜主要是 20 日龄后的壮年工蜂采集的。只要外界蜜粉源丰富，蜂群的群势又足够强大而不产生分蜂热，这些蜂产品都能获得较高的产量。

在取蜜时要注意掌握时机，在中蜂出巢采集前取蜜较为有利，对中蜂后续的采集影响较小。通常以早晨取蜜为多，此时天气较为凉爽，养蜂员作业时可少受酷热之苦，开箱对蜂群内的温度影响也相对较小。如果蜜源植物在午后流蜜，天气又不十分炎热，则在中午取蜜较好。取浆及移虫不宜在中午大太阳下进行，蜂王浆怕热怕光，会影响蜂王浆的质量，另外移虫的成功率也会受影响。蜂花粉宜在中午时分采收，此时气温较高而湿度较低，方便对取出的花粉于当天干燥脱水处理，防止其过夜后变质。

4. 调整群势

大流蜜生产接近尾声时，要相应地调整蜂群的状态，使之与生产期的状态有所不同。在主要蜜源开花期间，为夺得蜂产品的高产，应尽量保持生产群强大的群势。而当主要蜜源植物花期结束之后，继续保持生产期中那样的强大群势不仅没有必要，而且也没有什么好处。因为外界蜜源少，大量的工蜂会无活可干，容易酿成分蜂热。此外，强群在蜜源较少时，一旦发生盗蜂，往往成为作盗群，对其他蜂群是一种潜在的威胁。故而应采取"压压强群，抬抬弱群"的策略，可将强群的部分封盖子脾调往弱群中，或将主群的中蜂调拨给副群，将生产群的中蜂调拨给繁殖群等，保持全场各蜂群的群势基本一致。在大蜜源之后如果没有后续的蜜源接替，则要为蜂群留足饲料，以免蜂群挨饿，也有利于越夏及防止发生盗蜂。

第三节　中蜂蜂群衰退期管理

所谓衰退期，泛指蜂群群势由最高峰开始逐渐下降回落，并最终进入蜂王停止产卵，蜂群储备食物准备越冬的整个过程所经历的时期。由于我国经纬度跨度较大，各地的气候及蜜粉源情况不同，因而不同地区进入衰退区的时间也不尽相同。在南方地区，春末夏初往往是一年中外界蜜源最丰富的时期，也是蜂群蜂产品的主要生产期。待到夏季的中后期，随着外界蜜源的逐渐减少，很多地区越夏困难，蜂群即进入衰退期。但当天气逐渐凉爽下来后，一些秋季蜜源的到来会使得蜂群的群势有一定的恢复和发展，并可能收获一定数量的蜂产品，直至秋末最后的蜜源结束时，蜂王才会停止产卵，蜂群准备越冬。如果是在有冬季蜜源的地区，蜂群甚至能在冬季继续繁殖及生产并保持较强的群势。因而南方地区蜂群在衰退期的情况是比较复杂的。在北方地区，因不少主要蜜源是在夏天流蜜的，不存在越夏期，因而要到秋季蜜源渐渐枯竭后方进入衰退期。

一、衰退期的基本情况

南方夏季的酷热高温天气自 7 月可持续至 9 月中下旬，气温最高时接近甚至超过 40℃。高温不仅不利于中蜂的外出飞行活动，对蜂群保持子圈内恒定 35℃的工作也带来很多困难，中蜂不得不大量采水和扇风降温。蜂群为降温饲料消耗较大，而外界蜜源在 7 月上中旬左右基本结束，蜂群主要靠储蜜维持生活。蜂王的产卵量锐减甚至会停产，使得蜂群的群势下降很快。一些平时靠捕食其他昆虫为生的动物，因此期田间虫源的减少转而为害中蜂，而蜂群的抵抗力因群势的下降而大大削弱。种种不利因素，使南方的蜂群出现一个明显的"越夏"困难时期。待度过此越夏期后，随着一些秋冬季蜜源的到来，蜂群会出现一个类似于早春恢复发展时期的群势增长期。如果外界蜜源足够丰富，蜂王的产卵量甚至能达到或接近高峰期的水平。衰退期蜂群内蜂王的产卵量尽管有时会出现短期内增高的反复，但总体呈逐渐下降的趋势并最终停止产卵，工蜂的数量也由生产期的高峰逐渐减少并下降至较低的水平。衰退期内的管理任务是尽量保持蜂群的实力，并适时培育一批适龄的越冬蜂，为蜂群留足越冬饲料，确保蜂群能以较好的状态顺利度过冬天。

二、管理事项

（一）越夏管理

南方进入 7—8 月后，常常是天气酷热，蜜源稀少，敌害猖獗，成为一年中养蜂的一个困难时期。此时不能生产商品蜜，养蜂管理的目标是保存蜂群的实力，让蜂群能安然度过困难时期，为秋季养蜂工作的顺利开展打下坚实的基础。

1. 转地放蜂

越夏难过的主要原因是蜜源的缺乏。如果能将蜂群运移至有较好蜜源的地区，则很多越夏的问题就自然解决了。可留心附近州、县、区较好的蜜源资源，通过小转地把蜂群在当地暂时放养一段时间，不仅能顺利越夏，还能生产一定数量的蜂产品。

2. 存储丰富的饲料

不能转地的蜂场，在越夏期前要给蜂群留下足够的饲料。以 4 框蜂左右群势的蜂群计算，每天的耗蜜量在 100g 左右，如果缺蜜期长达 60 ～ 90d，则要为蜂群保留 6 ～ 9kg 的越夏口粮蜜。不足的一定要及时补助饲喂喂足。

3. 保护蜂王

很多蜂场在生产期前已更换过新王，这对越夏是有利的。中蜂蜂王产卵量会随外界蜜源的丰欠而适应性调节，但意蜂蜂王的这种调节能力较差，往往外界无蜜时蜂王仍然保持较高的产卵量，而无蜜可采时哺育大量的工蜂是徒劳无益的。可用蜂王产卵限制器适当控制蜂王的产卵量，也让蜂王得到适当地休息保养。此外，越夏期如果发生盗蜂或敌害入侵，容易发生工蜂围王事故，要时时留心对蜂王的保护，必要时可用框式蜂王诱入器、扣脾式蜂王诱入器、囚王笼等将蜂王暂时隔离起来。

4. 严防敌害

越夏期胡蜂、巢虫、鸟类、蟾蜍、蚂蚁、壁虎、蜘蛛、蜈蚣、蜜蛾等天敌较多，尤其是胡蜂，对意蜂的危害十分严重，中蜂则更怕巢虫的滋生，要尽量饲养强群以抵御这些敌害。事实上，仅凭蜂群的力量往往是难以抗拒众多敌害的侵扰，要经常巡视蜂场，随时扑杀入侵的胡蜂；每隔7d定期清理中蜂箱底被中蜂咬下的蜡屑，减少巢虫的发生。

5. 调节巢门

天气热要开大巢门通风散热，而为防止敌害和盗蜂则要关小巢门御敌，这是此期巢门开放大小的矛盾。故此期要注意根据情况随时调节巢门。一般来说要尽量缩小巢门，但如果发现工蜂扇风剧烈，则要适当打开巢门。

6. 人工喂水

酷暑时节蜂群为降温所消耗的用水很大，可在每天傍晚时分给每个蜂群加入一个水脾，水脾放置在隔板的外侧。如果嫌麻烦，则要在蜂场中设置人工饲水器，方便中蜂就近采水。

7. 遮阴通风

夏日里气温较高，蜂群切忌在阳光下暴晒，应把蜂箱放置在有自然遮阴物、通风良好、昼夜温差较小的地方。

8. 保持安静

中蜂怕吵闹、怕震动，应保持蜂场内的安静。另外，尽量不要开箱扰乱蜂群，可多采用箱外观察的方法掌握蜂群的现状。多清洁环境卫生，少开箱检查蜂群。

9. 防止农药中毒

夏季田间使用农药频繁，最好能与附近农户建立良好的信息联系，在用药前能事先得到通知而相应采取措施。

（二）培育越冬适龄蜂

在冬季，蜂群是不能培育新工蜂，整个冬季蜂群中的工蜂只可能是上一年秋季培育出来的，它们一定要能顺利度过漫长的冬季并能在翌年的春季培育出一批新的工蜂来接替自己，蜂群才能正常地继续生活下去。这就意味着这一批工蜂至少要能活过整个冬季及春季新旧交替所需要的 35 ～ 50d，即使是在冬季仅有 1 ～ 2 个月的地区，也要求这一批工蜂的寿命至少要达到 65 ～ 110d，尤其是在那些冬季可能长达 5 ～ 7 个月的地区。因此秋季培育出大量的越冬适龄蜂是保证蜂群能顺利越冬的最基本条件之一。那么什么是越冬适龄蜂呢? 那就是寿命要足够长的中蜂。它们在秋末被培育出来，并完成了排出体内粪便的爽身飞行，但又没有参加过哺育幼虫的巢内工作和采集食物的巢外工作，保持了生理青春的中蜂。

1. 培育越冬适龄蜂的条件

在秋季培育越冬适龄蜂的工作与春季繁殖壮大蜂群有些类似，因而养蜂人就像称呼春季繁殖那样，常把此项工作称作"秋繁"。丰富的蜜源、适宜的温度、较强的群势及高产的蜂王，是培育越冬适龄蜂的必要条件。

2. 培育越冬适龄蜂的时间

依据中蜂的发育历期推算，从蜂王产卵到发育成日龄适宜的越冬蜂，至少需要 35d 左右。因此，应在天气变冷之前 1 ～ 1.5 个月就开始进行培育越冬适龄蜂的工作。

3. 注意事项

从外部影响因素来看，蜂群的繁殖节律直接受到外界蜜粉源植物的影响，培育越冬适龄蜂外界没有蜜源是很困难的，因此要抓住全年最后蜜源较丰富的时期培育越冬适龄蜂，并在此过程中定期进行奖励饲喂，包括糖浆和花粉的饲喂，特别注意不能忽视中蜂对花粉的需求。

除了蜜源的影响之外，温度也是很重要的外部影响因素，中蜂生活的最适宜气温在 15 ～ 25℃，而秋季的气温一般比较接近这个温度，一般不必要做特殊的处理或安排。但到了晚秋时节，如果气温较低，应注意适当加强保温，特别是此时昼夜温差较大，在寒冷的晚上要加装外保温物。白天如果温度较高，则要撤掉保温物，并注意遮阴，使蜂群内的温度保持在一个相对稳定的范围。此外，为了减轻巢内调节温度的负担，还应注意保持蜂脾对称或蜂略多于脾。

从蜂群内部影响因素来看，强群一般蜂多、蜜多、粉多，能为幼虫提供良好的食物、温度等条件，所培育的工蜂体质好、寿命长，因而要尽量以强群繁殖越冬适龄蜂，弱群可合并或采取双群同箱的办法来饲养。

除群势强弱外，蜂群中蜂王的产卵力也是影响秋繁的重要因素，要尽量采用产卵量大的蜂王。如果蜜源和气温适宜，可在秋季培育出一批新王并为蜂群换王。

（三）留足优质越冬储备饲料

对取蜜尺度的把握首先是要注意储备足够的成熟封盖越冬蜜，按每框蜂越冬期每天消耗 14～18g 计算预留封盖蜜，宁多勿少，多出的部分在来年的春繁中一样可以发挥作用。当蜂箱内封盖蜜较多时，可抽出封盖蜜脾而插入空脾供蜂王产卵或供工蜂继续储蜜。抽出的封盖蜜脾可暂时寄放在专门储蜜的蜜柜中，也可用空继箱密封保存，待蜜源结束蜂群即将进入越冬时再放还给蜂群。如果蜂群的进蜜量较大，占用了较多的巢脾及蜂房储蜜，在留足越冬蜜后还有富余，则可以适当取一部分蜂蜜，可将占用工蜂房的蜂蜜及时摇出，腾出空房给蜂王产卵。而如果外界蜜源流蜜不足以满足留足越冬蜜的需要，则不但不能取蜜，还必须在冬季到来前至少 7d 的时间及时补喂，这样中蜂能有较为充分的时间将补喂的糖浆酿造成熟。只有成熟封盖蜜才是越冬的合格饲料，而未成熟蜜作越冬饲料的潜在危险是：中蜂食用后所产生的粪便量较多，很容易致使越冬蜂不堪忍受体内储存粪便的压力而使越冬冬团解体，导致越冬最终失败。如果在秋季蜂群采集了较多的甘露蜜，则应全部摇出，并及时补喂足够的糖浆代替之，因为中蜂食用甘露蜜所产生的粪便比较多，很可能超出其忍受限度。总之，秋季留足优质的越冬储备蜜是第一位的，而取蜜生产是第二位的，如果因越冬无蜜而饿死蜂群，无异于杀鸡取卵。

（四）防治蜂螨

秋季是一年中防治蜂螨的第二次最佳时间。第一次是春繁前蜂群内无封盖子时，而这一次也可利用蜂群内无封盖子的有利时机，防治蜂螨。蜂群中无封盖子时，蜂螨无处藏身，药物可直达螨体上，故而药效较高。经治螨处理后，不仅可培育更加健壮的越冬适龄蜂，且在越冬中中蜂没有螨虫的叮咬骚扰，可保持安静不散冬团，有利于顺利越冬。

（五）防止盗蜂及茶花中毒

当外界蜜源枯竭之时，中蜂的盗性较强。因此，要严格做好防止盗蜂发生的工作。如果当地茶叶、油茶等茶花较多，则饲养中蜂者要注意防止中蜂茶花中毒。茶花花蜜，尤其是花粉被中蜂幼虫食用后，常常导致幼虫中毒死亡。可在进入茶花场地之前给中蜂群饲喂一些解毒药物如"油茶蜂乐"等，缓解毒性，并在整个茶花花期坚持喂药。茶花花期所采集的茶花花蜜和茶花花粉，最好能取出给人类食用，因为其尽管对中蜂有毒，但对人体却是无毒的。取出茶花蜜粉后，要补助饲喂给蜂群足够的越冬饲料蜜，以保证蜂群有充足的食物储备。

第四节　中蜂蜂群断子期管理

在我国的多数地区，蜂群的断子期与四季中的冬季基本是吻合的，所以蜂群的断子期也可称为越冬期。只有南方某些地区尤其是华南的亚热带地区，冬季气温较高，并常有大宗蜜源开花，因而冬季反而处在蜂群的恢复发展期或强盛期。因此，蜂群断子期是指冬季的断子期，而冬季处于生产期的地方，其蜂群的断子期一般是在炎热的夏季。

一、断子期的基本情况

随着冬季来临，气温日渐下降，蜂王减少产卵并最终完全停产。当气温下降至12℃左右时，中蜂会停止外出，减少活动，弱群开始结成越冬蜂团。气温降至7℃左右时强群也开始结成越冬蜂团。如果气温继续下降，蜂团会随之缩紧缩小，同时蜂团中心的中蜂可通过食蜜而产生热量，使蜂团内部温度保持在14～30℃，而蜂团表面温度保持7℃左右。在气温偶尔回升至13℃左右时，冬团会解散，部分中蜂甚至可能外出飞行活动。由此可见，在冬季寒冷的北方，冬团一旦结成，就几乎不会再解散，一直要到翌年的春季才会解散；而在冬季比较温暖的南方，尤其是近年来常有暖冬出现，蜂群的冬团往往是时而结成时而解散，与当时的气温相适应而变化。

二、管理事项

（一）以强群越冬

越冬期间因蜂王不再产卵，故而没有新蜂羽化，工蜂数量只减不增，要靠秋季繁殖的那一批工蜂苦撑到来年春季。一旦蜂群内中蜂数量过少，不能结成冬团并产热御寒，越冬就会失败，所以要以强群越冬。一般来说，在南方至少要有 4 框足蜂的群势，而北方则至少要有 6 框足蜂的群势，越冬安全才有保障。如果群势达不到要求，可将弱群合并成强群越冬，或采取双群同箱的办法越冬，即用闸板将一个巢箱隔成两个小区，每个小区内安置一个弱群，各小区的巢脾靠近闸板放置。这样在结成冬团时两个蜂群可以闸板为中心而结成一个较大的冬团，可大大提高越冬的安全性。实践证明，秋季培育的越冬蜂多，以强群越冬，中蜂死亡率低，饲料消耗少，能保存实力，翌年春季蜂群恢复发展快，并能够利用早春的蜜源。

（二）选好越冬场地

选择背风向阳、昼夜温差较小、小气候较稳定的地方作越冬场地。为便于管理，可在居家附近寻找一个比较符合上述条件的地方，或把蜂群放置在杂屋、仓库等人迹较少的南向面，并注意保持蜂场周围的日常卫生。

（三）注意通风

不能因担心中蜂怕冷而关闭巢门，也不能把箱内填塞满保温物而使箱内无法通风。中蜂同样需要呼吸新鲜空气，而且保持箱内适当的空气流通也有利于排出巢中的湿气，这在湿度较大的地区更显得重要。

（四）蜂巢的布置

将半蜜脾放置在蜂巢的中心，全蜜脾放置在两边。因为冬季蜂群结成冬团后，中蜂喜欢钻入蜂房中休眠。半蜜脾放中央，其中的空房可钻入部分中蜂，且上面的储蜜被首先消耗掉，正好可腾出空房供中蜂钻入。待中央的储蜜消耗完后，冬团会慢慢向蜂巢内有储蜜的地方移动，一般先是向前，再是向蜂箱的后部移动。可根据这些特点来布置蜂巢。此外，越冬时要保持脾略多于蜂，这样有利于冬团随气温的升降而伸缩。

（五）保持安静

越冬期间蜂场内要保持安静清洁，闲杂人员不要入内，更不能在蜂场附近出现噪声、震动等干扰，切忌节日里的大功率音响、放鞭炮等人为骚扰。一般不能开箱，要了解蜂群的状况，可将耳朵贴在蜂箱上听箱，并多做箱外观察。如果能听到轻微的响声，用手指轻弹箱壁有较为强烈的反应，则说明蜂群正常；如果几乎听不到动静，用手指轻弹箱壁反应慢而弱，则可能蜂群缺蜜，要立刻补充给封盖蜜脾。

（六）覆盖遮阴

在蜂箱上盖上一些遮阴物，防止阳光直射在巢门上而刺激中蜂外出飞行，尤其是没有冬季开花植物的地方，此时中蜂过多地外出有害无益。

（七）严防鼠害

冬日里中蜂对入侵之敌的抵御能力是最低的，要防止老鼠从巢门或破洞处钻入蜂箱中为害蜂群。可在巢门加装防鼠栅栏，最简单的办法就是在巢门口钉上一排小钉，使小家鼠这样的小个体老鼠也不能钻入箱内。

（八）室外越冬

南方冬季的气温常在冰点以上，很多蜂场采用室外越冬的方式。在长江流域地区，12 月的平均气温多在 10℃左右，晴天中午的气温可达到 13℃以上，超过了中蜂的个体安全临界温度，一些中蜂会出巢排泄飞行或侦察是否有蜜源等。即使是在最为寒冷的 1 月，也偶尔有中蜂在晴日中午时分出巢活动。室外越冬为中蜂的这种外出活动提供了方便，而能否出巢，主要取决于外界的气温的高低。因此，一般不需要为蜂群提供过多人为的保温措施，不要做箱外保温，箱内也只需加盖一块棉布或报纸在巢框梁上即可，以免误导中蜂而在外界气温较低时作出错误的判断，飞出后冻死野外。

北方冬季的气温常在冰点以下，如果采用室外越冬，则不但要做箱内保温，还必须做箱外保温。箱内保温在蜂群即将进入越冬期时就要进行，而箱外保温则在开始结冰时进行，一般比箱内保温要迟1～2个月。室外越冬的蜂群在雨水天要注意防湿，既要防止上面被淋湿，也要防止下面被浸湿。

（九）室内越冬

在冬季严寒地区，如东北、新疆、内蒙古等地，常采用室内越冬的方式。而在南方，如果整个冬季外界没有蜜源，采用室外越冬会因为冬日里中蜂间或的出巢飞行而消耗较大的体力，越冬饲料的消耗也会增加时，也可采用室内越冬的方式。

适合蜂群越冬的房间要符合黑暗、通风这两个基本条件，即采光不能太强，房屋不能太严实无缝。如果窗户过大，可用黑布或麻袋遮光，保持室内黑暗；房上方要有出气通道而房北方要有进气通道，使蜂群能时刻得到新鲜空气。此外，室内要清洁干燥，不能有农药、煤油等残留或异味。

蜂群进入越冬室前，要符合以下条件。一是无子，即新蜂已全部出房，并完成了排泄飞行；二是已治过螨，中蜂不再受蜂螨侵扰，可安静过冬；三是储蜜充足，无须再补助饲喂；四是群势够强，最好能有4足框左右，不足的要双群同箱过冬；五是要撤掉一切箱内外包装物，以免蜂群入室后出现外出的冲动。

进入越冬室的时间不一定要强求全场一致统一，一般是符合条件者先进入，不符合者调整到符合后再进入；弱群先进入，强群后进入。最好待蜂群已完成排泄飞行后再进入，如果带子入室，蜂群要在室内完成新蜂出房，还要再次搬出室外完成排泄飞行，操作起来比较费事。进入越冬室时要小心搬动蜂箱，尽量减少振动和声响，减少对蜂群的干扰。

室内蜂群的排布要求离地40cm，离墙20cm，以防蜂群受湿气侵袭。蜂群宜成排放置，排与排之间留出人行通道，以节省空间及便于管理。蜂箱可叠层放置，强群在下，弱群在上，中等群在中间。蜂箱的巢门朝向人行通道。

蜂群刚入室时，部分中蜂会从透光处飞出而返回原址，可在原址留一个蜂群收容这些不安分的中蜂。为使蜂群结团安静，可在夜间打开门窗通气降温，天亮前再关闭门窗遮光保持黑暗，这样能促使蜂群安静结团。

入室后要注意随时调节室内的温湿度。蜂群越冬的适宜温度在 $-5 \sim 0℃$，湿度在 $74\% \sim 85\%$，可在室内放置干湿温度计来了解温湿度的变化，并根据其读数来调节越冬室的温湿度。温度高时加大通气量降温，温度低时减少通气量以减少室内热量的丧失；湿度高时通气排湿并保持干燥，湿度低时在室内悬挂湿毛巾、湿布增高湿度并降低通气量。室内越冬要严防鼠害，巢门前应加装防鼠栅栏，并堵死所用鼠洞，室内不得有食物残渣剩物。

第十章　中蜂授粉管理技术

中蜂为农作物授粉，是一项重要的农业生产措施。中蜂授粉的习性，是其与植物长期协同进化形成的。中蜂通过异花授粉"虫媒"形态，实现果实受精发育，利用"杂交"优势提高果实产量，改善果实质量，增强种子生命力及抗逆性，起到增产和优化品质的作用，由此产生良好的经济、生态效应。将中蜂授粉的习性运用到农业生产，是人们对自然规律认识实践的飞跃，也是现代农业发展的必然趋势。

第一节　中蜂授粉优势

一、耐低温

中蜂的起始出勤温度为 6.5℃，而意蜂为 9.5℃。当气温为 14℃时，中蜂的出勤数量是意蜂的 3 倍，特别有利于设施栽培作物。目前山东省多数地方的设施栽培条件不够完善，冬季温室温度偏低，这便可利用中蜂的耐低温优势。近年来，大棚种植业广泛展开，然而这种大棚封闭性差，没有人工加热设备，棚内温度常在 10℃以下。若使用中蜂授粉，棚温过低，中蜂出勤率低，授粉效果较差。而中蜂能在10℃以下飞行采集，可为大棚作物授粉取得显著的增产效果。专家通过对熊蜂、中蜂、意蜂为大棚草莓授粉的观察研究，测定不同蜂种的出巢温度、日活动时间、访花频率、单花停留时间、花粉移出率、柱头花粉沉降数目等。通过综合分析比较得出结论，在冬季及早春温度较低状态下，中华蜜蜂为大棚草莓授粉效果最佳。

二、出勤时间长

中蜂出巢早，归巢晚，每天比意大利中蜂多 1 ～ 3 h，飞行敏捷，授粉频率高，对作物的授粉十分有利。在 1986 年，有关研究者对中华中蜂和西方中蜂在海拔 2300m 的喜马拉雅山上对苹果花期授粉情况进行比较，发现中华中蜂的工蜂每日授粉时间比西方中蜂长 1h，每次出巢飞翔时间比西方中蜂短 6min，在每朵花上传粉的时间也比西方中蜂短 1s，即每只东方中蜂每天为苹果授粉的效率比西方中蜂高 1/3 左右。另外，也报道了中蜂授粉对蓝莓产量及品质的影响。结果表明，中蜂授粉可显著提高蓝莓的产量和品质，经过中蜂授粉的蓝莓，其坐果率和结实率达 46％和 42.86％，蓝莓的单果重、果实直径、花色苷和总酚含量也有提高。

三、适应性强

中蜂抗寒、抗病、耐热，对恶劣环境较易适应。特别对温棚内过冷或过热的环境抵抗力强。

四、易定点授粉

中蜂的飞行半径较小，更容易定点、定范围授粉。

五、适合授粉产业化

中蜂群体增殖快，可以在较短时间内获取大量蜂群，更适合授粉产业化。

中蜂与我国植物共同进化，与我国的环境、气候相适应。中蜂特别适合为秋冬季大棚草莓等农作物授粉。另外，中蜂对某些作物的授粉具有不可替代性，例如为油茶授粉。有研究发现，中蜂对油茶授粉的成果率比自然授粉高 2 ～ 4 倍，比意蜂授粉高 81％以上。中蜂是我国最具有潜力的授粉昆虫。

第二节 适合中蜂授粉的作物

一、瓜果类

西瓜、甜瓜、香瓜、草莓、苹果、柑橘、猕猴桃等都是适合中蜂授粉的作物。陕西地区内气候差异很大，由北向南渐次过渡为温带、暖温带和北亚热带。由于其富有特色的气候特点和地形地貌，陕西地区种植了很多有其地方特色的农作物。临潼石榴、周至猕猴桃、洛川苹果享有盛誉，因此利用中蜂为这些作物授粉，可以大大提高其产量，增加经济效益（图10-1）。

二、蔬菜类

西葫芦、白菜、甘蓝、黄瓜、油菜等作物种植时，利用中蜂授粉可以通过提高结荚率、种子饱满度、种子产量等提高生产效率（图10-2）。

三、粮食类

水稻、荞麦、向日葵等作物也可以采用中蜂进行授粉（图10-3）。研究人员对中蜂为水稻授粉进行对比，发现用中蜂授粉的水稻产量平均每亩比无蜂区高22kg，产量提高5.66%，千粒重提高2.94%，结果率提高3.9%。

图10-1 中蜂在草莓、西瓜、苹果上授粉

图 10-2　中蜂为油菜授粉　　　　图 10-3　中蜂为向日葵授粉

第三节　授粉蜂群的管理

目前，授粉蜂群主要用于大田作物授粉和温室作物授粉，因而授粉蜂群的管理分大田授粉蜂群管理和温室授粉蜂群管理。

一、大田授粉蜂群管理

大田授粉一般与养蜂生产结合，由养蜂人员根据作物授粉业务的要求实施授粉蜂群的具体管理。

（一）授粉蜂群的准备

在采用中蜂授粉的作物开花前 60d，应对授粉用蜂群进行详细的检查，确定蜂数、蜂子数、蜂王的品质、饲料的多少以及是否发生疾病等，然后按照一般的蜂群管理法，开始奖励饲养，饲喂蜜粉混合饲料，为需要授粉的作物培养大量的适龄工作蜂（采集蜂）。必要时，应采用补助幼蜂和蜂盖的方法来加强授粉蜂群。

（二）授粉蜂群进场时间

授粉蜂群进入授粉地带的时机要适当，否则授粉效果不佳。一般情况下，在授粉作物开花之前 10d，要把授粉蜂群运至授粉地带，这不但可以使群内的内勤蜂在授粉作物开花授粉之前来得及成为外勤蜂而投入授粉工作，而且授粉中蜂能有足够的时间，调整飞行觅食的行为和建立飞行的模式，中蜂能采得较多的食物，同时增进授粉的效果。但对于花蜜含糖量较低的作物，因其对中蜂的引诱性弱，田间如有其他蜜源植物开花，中蜂会选择含糖量高的植物采集，而冷落要授粉的作物，在这种情况下，授粉蜂群要在花开达 10%～15%或更多时移入。如梨树授粉应在花开达35%～50%的早晨，移入蜂群较合适。

（三）授粉蜂群的数量

农作物授粉所需蜂群的数量取决于蜂群的群势、授粉作物的面积及分布、花的数量、花期及长势等。根据实践经验，如果某种作物是 500 亩以上连片分布的，那么每个强群可承担的授粉面积大致如表 10-1 所列。这些可作为安排授粉蜂群时的参考。在早春，由于蜂群正处于增殖阶段，群势较弱，所以应适当减少承担的面积；如果作物分布较分散，也应适当增加蜂群。

表 10-1　每个强群可承担的授粉面积　　单位：m²

作物名称	面积	作物名称	面积
油菜	2700～4000	草木樨	2000～2700
紫云英	2700～3400	荞麦	2700～4000
苕子	2700～3400	向日葵	6700～10000
棉花	6700～10000	瓜类	4600～6700
牧草	2700～3400	果树	3400～4000

（四）授粉蜂群的布置

中蜂飞行范围虽然很大，但离作物越近，授粉就越充分。在布置授粉蜂群时，要根据授粉作物的面积和分布等具体情况合理布置授粉蜂群，以确保获得理想的授粉效果。

一般地，如果授粉作物面积不大，蜂群就可以布置在作物地段的中央或任何一边；如果面积大或地段两端距离在 2km 以上，则应将蜂群布置在地段的中央或分组匀布于作物地段内，使中蜂从蜂箱飞到作物的任何一部分，最远不要超过 500m。授粉蜂群应以组为单位摆放，每组内群与群之间的距离要大于 1.5m。此外，在授粉蜂群的位置确定以后，还要注意将蜂群摆放在背风向阳的地方。若是在夏季暑热时期，应尽可能把蜂群摆放在遮阴处。

（五）早春加强保温

因为早春蜂群弱，外界温度低，变化幅度大，如果不加强保温，大部分中蜂为了维持巢温，会减少出勤，影响中蜂的授粉效果。为此，除了放蜂地点应选择在避风向阳处外，一方面应采用箱内和箱外双重保温的办法，加强蜂群保温，另一方面应使蜂群保持蜂多于脾，保证蜂箱内的温度正常，提高中蜂的出勤率，增强授粉效果。

（六）维持强群

用于农作物授粉的蜂群，最好是强群，不但要求蜂群拥有的蜂量多，而且必须有大量的适龄采集蜂和大量的未封盖子。大量的采集蜂意味着有大量的授粉工作蜂进行授粉工作；而群内大量的未封盖子，则可促使中蜂去采集大量的花粉，从而增加作物的授粉。

二、大棚温室授粉蜂群的管理

（一）蜂群入室前的准备

1. 调整群势及幼蜂比例

中蜂授粉的效果主要取决于工蜂的出勤率和工蜂数量。授粉作物的种类不同，群配置也有所不同，一般面积 500m² 的温室配置 2～3 足框中蜂。大棚草莓一般 1 棚 1～2 箱即可（图 10-4）。为温室果树授粉时，由于果树花量大，花期短而且集中，应根据花朵数量确定放蜂数量，至少应增加 1 倍。温室，特别是日光节能温室昼夜温差大，为了有利于蜂群的维持和发展，群势也应控制在 2 足框以上，整个授粉期间一直保持蜂多于脾或者蜂脾相称。中蜂生长在野外，习惯于较大空间自由飞翔，成年的老蜂会拼命往外飞，大部分会撞棚而死。只有幼蜂能逐渐适应设施环境，故棚内授粉主要是靠幼蜂，其所占

图 10-4　中蜂为大棚草莓授粉

比例越大，授粉效果越好。因此，授粉蜂群应脱掉老蜂，尽量留适龄的幼蜂，北方地区秋季应做好繁殖工作，并在蜂群越冬前就做好授粉准备。

2. 喂足饲料

由于温室内的空间和蜜源植物均有限，为了长期保持蜂群良好的授粉能力，应给蜂群喂足饲料。

3. 选好位置，做好架子

放置蜂群应选择干燥的位置，并放在用砖头或木材搭起的高度为30cm左右的架子上。蜂群摆放有两种情况：一种是大棚南北走向的，蜂群可放在大棚的中部靠西侧，巢门略向东为好；另一种是东西走向大棚，蜂群宜放在距西壁1/5处北侧壁，巢门向东为宜。同时要避开热源，如火炉等。

（二）蜂群入室后的管理

1. 适时入室，诱导授粉

放蜂时间对授粉效果影响很大。例如大棚或者温室种植的果树，花期短，开花期较集中，因此应在开花前5d蜂群搬进温室。让中蜂试飞、排泄、适应环境，并同时补喂花粉，奖饲糖浆，刺激蜂王很快产卵，待果树开花时，蜂群已进入积极授粉状态。若为蔬菜授粉，初花期花量少，开花速度也慢，花期延续时间长，授粉期长，因此，等到开花时，再将蜂群搬进温室就可以保证授粉效果。蜂群搬进温室的时间最好选择傍晚，如遇阴天更好，以减少中蜂的损失。蜂群入室后首要的问题，让中蜂尽快适应温室的环境，诱导中蜂采集需要授粉作物。蜂群摆放好以后，不要马上打开巢门，进行短时间地幽闭，让中蜂有一种改变了生活环境的感觉，30min以后，巢门只开1条刚好能让1只中蜂挤出来的小缝，也可以用少许青草或植物的叶子将巢门进行封堵（让中蜂从青草缝隙中挤出来），这样凡是挤出来的中蜂就重新认巢，容易适应小空间的飞翔。

由于温室内的花朵数量较少，有些植物花香的浓度就相应淡一些，对中蜂的吸引力小，应及时喂给中蜂含有授粉植物花香的诱导剂糖浆，第1次饲喂最好在晚上进行，第2d早晨中蜂出巢前再饲喂1

次，以后每日清晨饲喂，每群每次喂 100 ～ 150g。实践证明，采取上述措施后，强化中蜂采粉的专一性，中蜂一经汲取，就陆续拜访该种植物的花朵，诱引效果明显。诱引剂糖浆的制作方法是：先用沸水融化同等重量的白砂糖，糖浆冷却至 20 ～ 25℃时，倒入预先盛有需要授粉植物花朵的容器内，密封浸渍 4 ～ 5h 后即可饲喂。

2. 保持良好外部环境

由于夜晚温度较低，中蜂紧缩，使外部的子脾无蜂保温而冻死，因此加强蜂箱的保温措施。使箱内温度相对稳定，保证蜂群正常繁殖，延长蜂群的授粉寿命和提高授粉效果。在白天，蜂群必须保持良好的通风透气状态，以防高温高湿的闷热环境对蜂群造成的危害。由于温室内湿度较大，蜂群小、调控能力有限，应经常更换保温物或放置木炭，保持箱内干燥。

3. 喂水喂盐，喂蜜喂粉

中蜂的生存是离不开水的。由于温室内缺乏清洁的水源，中蜂放进温室后必须喂水。饲喂的方法有两种：一是采用巢门喂水器饲喂；二是在棚内固定位置放 1 个浅盘子，每隔 2d 换 1 次水，在水面放一些漂浮物，防止中蜂溺水致死。在喂水时加入少量食盐，补充足够的无机盐和矿物质，以满足蜂群幼虫和幼蜂正常生长发育的需要。温室内的作物一般流蜜不好，面积小，花量少，根本不能满足蜂群的生活需要，同时由于温室环境恶劣，饲料消耗量很大，要长期维持蜂群的授粉能力，喂蜜喂粉是非常必要的，特别是为蜜腺不发达的黄瓜、草莓授粉更应饲喂。蜜水或糖水一般采用 1∶1 的比例，每 2d 喂 1 次。喂花粉宜采用喂花粉饼的办法。花粉饼的制作：选择无病、无污染、无霉变的蜂花粉，蜜粉比例为 3∶5，将蜂蜜加热至 60℃左右趁热倒入盛花粉的容器内，搅匀浸泡，充分搅拌，直至花粉团散开，其硬度以放在框梁不流散为原则，10 ～ 15d 饲喂 1 次。如果花粉来源不明，应采用湿热灭菌或者微波灭菌的办法进行消毒灭菌，以防病菌带入蜂群。

4. 前期扣王，中期放王，防止飞逃

为草莓授粉时，由于前期花量较少，而种植者想早期就搬进蜂群，收获早期的优质果。根据蜂群的发展规律：在蜂王开始产卵后，蜂群开始进入繁殖时期工蜂采集活跃，出勤率高。采取前期扣王，限制蜂王产卵，可以有效地制约蜂群的出勤和活动，少数蜂出勤活动足以使前期有限的花得到充足授粉，有利于保持和延长大量工蜂的寿命。进入盛花期，放王产卵，调动较多中蜂出勤，达到了充分授粉的目的，也使蜂群得以发展。温室环境恶劣，加上管理措施不到位，有时会出现蜂群飞逃现象，中蜂授粉时更易发生。因此，可剪掉蜂王3/5翅膀，防止蜂群飞逃。

5.缩小巢门，严防鼠害

冬季老鼠在外界找不到食物，很容易钻到温室生活繁殖。老鼠对蜂群危害很大，咬巢脾，吃中蜂，扰乱蜂群秩序。蜂群入室后应缩小巢门，只让2只中蜂同时进出，防止老鼠从巢门钻入蜂群。同时，应采取放鼠夹、堵鼠洞、投放老鼠药等一切有效措施消灭老鼠。

6.适时出室，合并蜂群

3月初，天晴时，温室内温度比较高，蜂群不宜在棚内，便可搬出。可以将蜂箱放置在室外，巢门开向温室内，这样可保证蜂群安全，又可完成授粉任务。授粉期结束，大部分蜂群蜂量很少，无法进行正常繁殖，应及时合并蜂群，或从蜂场正常蜂群抽调中蜂补充。

第四节　授粉常见问题

一、中蜂的撞棚问题

在设施栽培作物授粉时，常发生撞棚现象，中蜂向着透明度高的玻璃、塑料和纱网不停碰撞，直至累死，很让人痛心。可以通过以下措施缓解中蜂撞棚问题。

（一）改变设施的材料和结构

采用聚乙烯等透光性较差的温室材料以适应中蜂的视觉特性，将温室的通风窗口由温室顶部改为中部。

（二）采用分离外勤蜂和暗室处理等控制撞棚的蜂群管理方法

分离外勤蜂法：在授粉群入室前2d，选择中午11时左右将蜂群搬离原场地，使外勤蜂飞入相邻蜂群内，达到分离外勤蜂的目的。在傍晚抽出多余巢脾，然后放入授粉大棚，并在棚内放置糖浆，以训练中蜂进行适应性采集。

暗室处理法：将授粉蜂群移入通风的暗室 2～3d，淡化其记忆力，然后再置入授粉大棚内，并放置供其采集的糖浆，这样处理后可提高蜂群对新环境的适应能力。

二、授粉过量问题

授粉固然重要，但一定要适量，在生产中有时会出现授粉不均匀或授粉过量的问题。造成坐果太多影响质量或营养不良而落果，甚至畸形果多。因此，在授粉过程中一定要注意观察，大田授粉应尽量使蜂群分散放置，使授粉均匀。当授粉过量时，通过调整群势或适时幽闭等方法控制中蜂的采集，达到授粉适量的目的。若坐果太多，应根据作物的承载力及时疏果。

三、供粉树不足

供粉树与授粉树应分散均匀，若供粉树不足时，可通过增加供粉树或者嫁接树枝的方法来解决。

四、授粉后落果

由于作物营养和环境条件不良容易导致中蜂授粉后出现落果现象，这时我们可根据情况适当疏花疏果、施肥浇水、增强营养、调节外部环境。

第五节　提高授粉效果措施

一、维持强群授粉

采用并保持强群是提高授粉效果的前提。强群意味着群内不但成蜂量多，而且拥有大量的适龄采集蜂（授粉工作蜂）和大量的未封盖子。适龄采集蜂多，投入授粉工作的蜂就多，而群内未封盖子多则可促使中蜂采集大量的花粉，从而增加作物的授粉。另外，强群抗逆能力强，抵抗不良气候或疾病的能力强。因此，群内大量的蜂子也是授粉蜂群的后续力量，它是授粉蜂群能为作物持续和有效授粉的根本保证。

二、诱导中蜂为作物授粉

为了使中蜂为其不太喜欢采集的某些作物得到较理想的授粉效果，或为了加强中蜂对某种授粉作物采集的专一性，或为使中蜂迅速从某种植物的采集中转移至指定的植物上采集，通常采取用带有这种作物花香的糖浆对它们进行饲喂的方法，诱导它们到指定的作物上采集、授粉。

对于诱导中蜂到其不太喜欢采集作物采集和加强中蜂对授粉作物采集的专一性，具体方法是，从初花期直至开花末期，每天用浸泡过花瓣的糖浆饲喂蜂群，使中蜂好像在野外已发现了丰富的蜜源一样，从而建立起采集这种作物的条件反射。研究显示，通过诱导，中蜂采集原先不喜爱花的次数显著提高。花香糖浆的制法：先在沸水中溶入相等质量的白砂糖，待糖浆冷却至 20 ～ 25℃时，倒入预先放有花朵的容器中，密封浸渍 4h 以上，然后进行饲喂。第 1 次喂饲，最好在晚上进行；第 2d 早晨中蜂出巢前，再喂 1 次。往后每天早晨都喂 1次。每群每次喂 100 ～ 150g。每次饲喂的花香糖浆应现制现用，不能制 1 次多次使用，以免花香挥发而使花香糖浆失效。

对于要使中蜂迅速从某种植物的采集中转移至指定的植物上采集时，通常采用中蜂忌避剂与花香糖浆结合的方法诱导。研究显示，采用条件反射抑制剂（如氯化钙）与植物的特征（花香）相结合的条件下，转移中蜂的数量能达到 60% ～ 67%。而仅采用普通中蜂训练法，只可以把 26% ～ 30% 的中蜂转移至指定的植物上。应用忌避物质，可以使转移的中蜂数量增加 30% ～ 40%。

此外，在一些国家还将人工合成的引诱剂和中蜂信息素运用于引诱中蜂到某种植物上授粉。

三、奖励饲喂

在中蜂的饲养中，奖励饲喂常常用于激励蜂群多繁殖、多造脾、多采集、多产蜜和产浆等。在蜂群授粉期间，奖励饲喂可以大幅度提高中蜂采集的积极性，授粉蜂群中蜂的出勤蜂增加，出勤率提高，从而提高中蜂对作物的授粉效果。

四、适时入场把握最佳授粉时机

在作物的最佳授粉时段，授粉中蜂是否能运达授粉目的地和发挥出最大的授粉能力，对授粉的成败影响很大。在确定授粉中蜂进入授粉作物地段时间时，要从作物开花习性和中蜂授粉特性两个方面着手，综合考虑。

1. 在作物开花习性方面

要对授粉作物的开花特点和泌蜜吐粉的规律、地形及气候（小气候）对其开花的影响，以及同时期其他作物开花的情况等作较全面的分析，确定作物最佳的授粉时间。

2. 在中蜂授粉特性方面

要对现时供授粉蜂群的现状和经发展后届时蜂群可能的情况（包括群势、采集蜂数量、蜂群发展等）、中蜂对植物的喜好，以及中蜂进入授粉植物地带或棚室后需要的认巢、建立飞行模式等作分析后，确定授粉蜂群进入授粉场地的合适时间段。

五、防止农药中毒

授粉作物依靠农药除灭害虫时，应选用低毒且残效短的农药，并在花期前或花期后施用。严禁在中蜂授粉花期中施药。防止授粉蜂群农药中毒也应作为一项重要内容列入授粉合同，以保证授粉蜂群的安全。

第十一章　中蜂蜂产品的生产及初加工

第一节　中蜂蜜的生产及初加工

一、中蜂蜜的生产

（一）取蜜的时机

当主要蜜源开始流蜜时，蜂群内往往每日进蜜汹涌，巢脾大半被蜂蜜所占据。采进的花蜜，再经 5d 左右昼夜不停的酿造而成熟后，工蜂会用蜂蜡将蜂蜜封盖以便长期保存。这种封盖蜜就可以从蜂箱中取出而成为高品质的商品蜜。根据此原理，一般在流蜜期开始的第 5d 左右可取第 1 次蜜。如果每天都摇蜜或隔 1d 摇 1 次，所取出的蜜含水量过高，且蜜中糖分也还未来得及转化成单糖，故这样的蜂蜜营养价值偏低，容易发酵酸败而不利于长期保存。

蜂群进蜜多，封盖速度就快，可一次取到较多的封盖蜜；如果取蜜时看到既有封盖蜜，也有未封盖蜜，可将封盖的蜜脾抽出摇尽，并插入空脾继续贮蜜，未封盖的蜜脾可下次再取；如果箱内未封盖蜜多，储蜜巢脾紧张，可在原继箱的下面加第二继箱，让中蜂储存新进的花蜜，而原来第一继箱可叠放在第二继箱之上而让其中的蜂蜜慢慢酿造成熟。如果蜜源植物的花期不长，则整个花期取 1～2 次蜜就好。

蜂蜜的价格以单花蜜为高，如油菜蜜、柑橘蜜、洋槐蜜等，都属于单花蜜；几种花源相混的混杂蜂蜜（杂蜜或百花蜜）档次较低，所以在大流蜜开始时应先将蜂箱内所有巢脾上的贮蜜全部摇出，此为"清脾"或"清巢"。所摇出的蜜称为清巢蜜或清脾蜜，一般是属于杂花蜜类。清脾后再采收的蜂蜜才属于单花蜜。取蜜时间安排在每天蜂群大量进蜜之前，如主要蜜源是上午 10 时之后流蜜，则在 10 时前取蜜；如主要蜜源是在下午流蜜，可安排上午取蜜；如主要蜜源整天流蜜，则要在早晨中蜂出巢前进行取蜜。如蜂群比较多，可分 2～3 组进行取蜜。原则上只取生产区的蜜，不取繁殖区的蜜，以免将幼虫分离出，影响蜂群的繁殖和蜂蜜的质量。到流蜜后期，要给蜂群留足饲料。

（二）取蜜过程

取蜜过程就是将蜂群中成熟的蜂蜜分离出来的过程。主要包括清洁场地、清洗取蜜工具、脱蜂、切割蜜盖、摇蜜等。

1. 清洁场地

取蜜前要将蜂场周围打扫干净，取蜜的场所要保持清洁卫生，没有积水；消除所有苍蝇蚊虫滋生地及各类污染源。

2. 清洗取蜜工具

在取蜜前先用清水浸泡摇蜜机，然后清洗干净，尤其是第一次用摇蜜机，要仔细清洗。割蜜刀清洗后要磨锋利，滤蜜网，盛蜜的盆、缸、桶等用清水洗刷干净，晾干备用。工作服、工作帽要清洗干净，保持手和衣着的清洁，防止污染蜂蜜。

3. 脱蜂

脱蜂就是把附着在蜜脾上的中蜂脱除到本群中。如蜜脾数量不多，可用抖落中蜂的方法脱蜂，这是我国养蜂目前普遍使用的方法。先将蜂箱大盖打开，倒置在箱后，取下继箱放在大盖上。在巢箱上放一空继箱，继箱的两侧分别放一张空巢脾。将继箱中蜜脾提出，两手握紧框耳，用腕力上下抖动几下，使中蜂猝不及防，脱落到空继箱中。蜜脾上剩余的少量中蜂，可用蜂刷轻轻扫落。抖完蜂的蜜脾可暂时放在另一空继箱内，然后提出第二张蜜脾，依前法抖蜂，直至继箱中所有蜜脾脱蜂完成后，将放蜜脾的继箱搬到摇蜜机附近备用。在抖蜂时如中蜂比较暴躁，可喷烟驯服。大型蜂场，蜜脾数量多，须采用吹蜂机、脱蜂器或趋避剂等工具脱蜂。

4. 切割蜜盖

封盖蜜必须先将封盖切除，才能分离出巢房中的蜂蜜。操作时，一手握住蜜脾的一个框耳或侧梁，蜜脾的另一个框耳或侧梁放在割蜜盖架上；一手拿着热水烫过的割蜜刀，紧贴封盖，从下而上平削。当割蜜刀上沾满蜂蜜和蜡屑时，要随时清理干净再继续切割，否则会因过于粘连而拉坏刀下的巢房房口或使巢房变形。割完一面后，再割另一面。割下的蜜盖和流下的蜜汁先用干净的容器承接住，然后放在纱网上过滤一昼夜滤去蜜汁。如果蜜盖上的蜜汁滤不净，可放进强群，让中蜂舔食干净后取出，处理后的蜜盖要及时化蜡。

5. 摇蜜

切完蜜盖后的蜜脾应即刻放进摇蜜机进行蜂蜜分离。注意将重量大致相同的两个蜜脾分别放进分蜜机内的左右框篮内，这样可以使得分蜜机的重心保持平衡，旋转摇把既比较省力，也不会损坏分蜜机。在转动摇把时要由慢到快，结束时再由快到慢，逐渐停转，不可用力过猛或突然紧急制动。一面摇完近一半时，停止转动，用两手从左右框篮内各提一脾并将两脾换位，使蜜脾换面；换面后可摇出第二面上的所有蜂蜜；最后再换一次面，摇出第一面剩下的那一半蜂蜜。也就是在摇蜜时蜜脾要翻转两次，第一面上的蜜是分两次摇出的，这样做的目的是防止蜜脾因离心力的作用而被撕裂。

6. 巢脾归箱

取完蜜的空脾要用割蜜刀切去中蜂贮蜜加高的房壁部分，再用起刮刀刮除框梁上的赘蜡。清理完后，空脾应立刻归还原群。一般来说，各群之间的巢脾不宜串动。

7. 过滤装桶

分离出的蜂蜜需要进行一次过滤以除去蜂蜜中的死蜂、蜡屑等杂物。可用纱网自制一个双层滤器，将摇出的蜂蜜经过滤后倒入大口的蜜桶内澄清 1d 所有的蜡屑和泡沫都上浮于蜂蜜表面后，捞出上层漂浮物，即可装入可封口的密闭容器内。注意盛装不能过满，须留有 20% 左右的空隙，以防转运时震动受热而外溢。最后贴上标签，注明蜂蜜品种、采收日期及地点、重量、采收人等。

二、中蜂蜜的初加工

（一）装蜜容器的选择

不宜选用金属容器装载蜂蜜，如铁桶、铜盆、铅罐等。因为呈酸性的蜂蜜对金属有很强的腐蚀作用，会锈损这些金属容器，并致使容器中蜂蜜被该金属所污染而降低蜂蜜的质量。如果一定要用金属容器承载蜂蜜（如大型贮蜜罐，贮蜜池等），则容器的内壁一定要涂刷一层隔离层，使蜂蜜不能接触到金属。可用塑料桶、玻璃瓶、瓦罐、陶瓷罐、瓦缸等容器承装摇出的蜂蜜。装好的蜂蜜一定要加盖密封，以免容器内蜂蜜吸湿空气中水分而被冲稀发酵变质。

（二）蜂蜜的"生"与"熟"

与一般食品的"生""熟"概念不同，蜂蜜是不宜加热的。一旦将蜜加热至50℃以上，其中的氨基酸、维生素等营养成分就会遭到很大破坏，芬香物质会挥发，而蜂蜜中的糖分即使不经煮熟也能很好地被人体吸收。因此，正确的食用蜂蜜方法是不经任何热处理地直接食用。所谓的"生"蜜，指的是酿造时间不足，蜜中的水分含量高且其中的糖分还未转化成单糖的蜂蜜，这种蜂蜜的口感和营养较差，容易发酵变质，而一旦蜂蜜经过 5 ～ 7d 的充分酿造，其各项理化指标即已达标，酿蜜的工蜂即会用蜡盖将蜂蜜密封起来以利长期保存，这种封盖的蜜就是成熟蜜或"熟蜜"，直接食用既可口又营养，而不必再进行煮熟、蒸熟等加热处理。

（三）生蜜加工

生产蜂蜜时一定要把握准每次摇蜜的间隔期，须待蜂巢中的蜂已封盖或至少是在分封盖后才能摇出。如果 2 ～ 3d 就摇 1 次蜜，所生产的蜂蜜就是生蜜。这种生蜜不符合国家制定的质量标准，甚至从严格意义上说不能称为"蜂蜜"。如果为脱去其中过高的水分而煮沸蒸发，势必严重影响蜂蜜的质量及口感。应将生蜜重新归还给蜂群，经足够时间充分酿造成熟后再取出。

第二节　花粉的生产及初加工

一、蜂花粉的采收技术

花粉是种子植物雄蕊所产生的雄性生殖细胞，含有极其丰富的营养物质，是中蜂及其幼虫生长繁殖所需的蛋白质、维生素、脂肪的主要来源。蜂花粉是指中蜂采集的花粉粒，装在后足的花粉筐中带回蜂巢的团状花粉。

（一）采粉时期

花粉是中蜂繁殖所必需的营养物质，首先要满足蜂群本身的需要，然后才能采收。当蜂群所采回的花粉有了剩余，甚至限制了蜂王产卵，影响蜂群的发展，这时可进行采收蜂花粉。春季油菜、柳树花粉量虽多，但由于蜂群正处于繁殖期，需要大量的花粉，只可少量生产商品花粉。夏季以后的油菜、玉米、党参、芝麻、向日葵、荞麦和茶树等蜜粉源植物开花时，蜂群已强大，虽然消耗量并未减少，但蜂群的采集能力却大大增加。此时可以大量生产蜂花粉。我国南方山区夏秋季节粉源植物繁多，也可生产商品蜂花粉。

（二）采粉方法

采收花粉的方法基本有3种。一是用机械或手工直接从植物花朵中采收花粉。有些国家对大面积种植的玉米、向日葵花粉已用机械采收。我国的松花粉、蒲黄是用手工采集的；二是用一根稍小于巢房的空心管插进贮满蜂粮的巢房中转动一下取出，用细棍将蜂粮捅出来，但是这种采收方法太费事，效率不高；三是用花粉截留器（也称脱粉器），截留中蜂携带回巢的花粉团，现在采用最多，使用最普遍的就是这种方法。

脱粉器种类较多，大致可分为：箱底脱粉器，安装在巢箱的底部；巢门脱粉器，安装在巢门上。选择使用脱粉器要根据蜂场的经济条件、养蜂习惯及实际需求，自行选定。无论选择哪一种脱粉器，要求脱粉效率高，不伤害蜂体，保持粉团卫生整洁，不易混入杂质，容易操作，便于安装和携带。

脱粉器主要部件是脱粉板，脱粉板上的脱粉孔对生产花粉效率影响最大，如孔径过大，脱粉效率就低；孔径过小，中蜂出入困难，还会刮掉黏附花粉的绒毛，甚至中蜂的肢节，影响采粉。所以脱粉器上的脱粉孔径大小应是：不损伤中蜂、不影响中蜂进出自如、脱粉率达 70% ～ 90%。西方中蜂的孔径为 4.7 ～ 4.9mm，东方中蜂的孔径为 4.2 ～ 4.4mm。安装脱粉器时，要求安装牢固、紧密，脱粉器外无缝隙，如安装巢门脱粉器时，脱粉板应紧靠蜂箱前壁，阻塞巢门附近所有缝隙，中蜂只能通过脱粉器孔眼进入巢内，以免影响脱粉效果。同一排蜂箱必须同时安上或取下脱粉器，否则会出现携带花粉团的中蜂飞向没有安脱粉器的蜂箱，造成偏集而导致强弱不均，严重时会出现围王现象。初安脱粉器时，中蜂会因不习惯而出现骚乱，一般经过 2 ～ 3d 采集后中蜂就会逐渐适应。

（三）采收花粉蜂群的管理

1. 合理调整群势

生产花粉与生产蜂蜜一样，都需要大量的适龄采集蜂。要求在粉源到来前 46d 培育大量采集适龄蜂。如有弱群，须在生产花粉前 15d 或进入生产花粉场前后，从强群中抽出部分带幼蜂的封盖子脾补助，使其群势达到 10 框蜂左右。中蜂采集蜂花粉的目的是繁殖，所以在蜂群的繁殖盛期其采集积极性最高。因此，生产花粉的蜂群以中等群势效率较高，不像生产蜂王浆、蜂蜜那样群势越强越好。当蜂群进入增殖期，蜂王产卵旺盛，工蜂积极哺育蜂儿，巢内需要花粉量较大，外勤蜂采集花粉的积极性较高。在这种情况下，气候正常、外界粉源充足，5 框以上的蜂群就可以生产花粉，8 ～ 10 框群势的蜂群生产花粉的产量较理想。用箱前壁内缘下的巢门脱粉器，一般不会出现骚乱。

2. 采用优良蜂王

优良蜂王产卵力高，蜂群的采集积极性也就高。生产花粉的蜂群必须是有王群，所以在生产花粉前，应将产卵性能差的老、劣蜂王淘汰，换入新蜂王。蜂群内要长期保持较多的幼虫，以刺激中蜂积极采集花粉。采用双王群生产花粉时，两区应同时安装脱粉器，以防蜂群发生偏集。

3. 蜂巢内保持饲料蜜充足

蜂蜜是中蜂能量的物质基础，中蜂的一切活动所消耗的能量，都来自蜂蜜。缺蜜的蜂群，中蜂会偏重于寻找蜜源，采粉量不多，因此，在蜂群缺蜜时一定要补助饲喂，保持群内有充足的贮蜜。同时将群内的花粉脾抽出，妥善保存，留作缺粉时补喂蜂群用。这样做的目的是使蜂群保持贮粉不足，只够饲料用，以刺激中蜂采集花粉的积极性。

4. 定时采收花粉

在大流蜜期，粉源也很丰盛时，脱粉要与流蜜时间相错开。如上午 11 时以前一般是蜂群大量进花粉的时候，安装脱粉器收集花粉，11 时后取下脱粉器，让中蜂快速通过巢门采蜜。秋季向日葵、荞麦花期，易发生盗蜂，取下脱粉器时，要缩小巢门，预防盗蜂。在外界粉多蜜少时，较弱的蜂群，脱粉器可一直装在蜂箱上，专门采收花粉。但要保证群内有一定的花粉，不能影响蜂群的繁殖。

5. 勤收花粉

在蜂群大量进粉时，脱粉器托盘的花粉很快会装满，影响中蜂出入。同时中蜂也经常将蜂群内的死蜂、蜡屑等杂质清出巢外，掉入花粉托盘中。因此要勤倒托盘中的花粉。在收集花粉时，及时去除花粉中的杂质。在整个花期，采集花粉要连续不断地每天坚持 2～3h 的脱粉，以增加花粉的产量。不要轻易迁场，以免影响蜂蜜和花粉的正常生产。为了保证花粉的质量，病群不能采收花粉，施过农药的粉源作物不能生产花粉。蜂场周围要经常洒水，保持清洁，防止沙尘飞扬。经常洗刷蜂箱前壁和巢门板，防止沙土污染花粉团。巢门宜朝西南，避免阳光直射。

二、花粉的初加工

采下的花粉必须当天即完成风干脱水处理，否则含水量过高的新鲜花粉极易腐烂变质而失效。脱水的方法是自然风干，首先寻找一温度较高而湿度较低，空气流通顺畅且环境清洁卫生的阴处，将蚊帐纱布架空铺平后，在上面均匀等平铺一层薄薄的蜂花粉，再在花粉面上平铺一纱网以防树叶泥土等杂物混入。待花粉充分风干后，可选用薄膜塑料袋密封后，再放入冰箱中冷藏保存。

第三节　蜂王浆的生产及初加工

蜂王浆是由工蜂的王浆腺分泌的白色或浅黄色浆状物，类似哺乳动物的乳汁，富含蛋白质，因用于饲喂蜂王而得名。此外还用于饲喂工蜂和雄蜂的小幼虫，因而又称蜂乳。蜂王浆是中蜂非常重要的食物，得不到蜂王浆的蜂王不能产卵，小幼虫不能正常发育。对人类来说，蜂王浆是难得的滋补药品及食品，经济价值较高，因而蜂王浆成为养蜂业的三大主要产品之一。

一、蜂王浆的生产原理

分泌蜂王浆的适龄工蜂为 6～12 日龄的保姆工蜂，当蜂群强大到保姆工蜂所分泌的蜂王浆在喂饱蜂王和所有小幼虫后仍然消耗不完时，这种过剩的哺育能力往往会促使蜂群筑造起自然王台，培育蜂王准备自然分蜂。利用中蜂的这种习性，在蜂群产生分蜂热时，人为地给予人工台基，并在人工台基中移入一条 3 日龄（通常是 1 日龄的为好）幼虫，蜂群就会把这种人工王台当作自然王台那样，分泌大量的蜂王浆饲喂其中的小幼虫。待王台内蜂王浆的量达到最大时（移虫后 68～72h），将人工王台从蜂群中取出，镊去王台中的蜂王、幼虫，再将王台中的王浆收集起来，即可得到所需要的蜂王浆。

二、生产蜂王浆的基本条件

（一）强大的蜂群

生产蜂王浆需要大量适龄的保姆哺育蜂，故蜂群的群势要达到 8 足框以上，且群内各龄蜂齐全，各类子脾完整，使得群势的增长有可靠的保证。

（二）充足的蜜粉饲料

中蜂分泌蜂王浆需要消耗大量的蜂蜜和花粉，故蜂群内的蜜和粉都要十分充裕。如果外界有主要蜜粉源植物开花，或者有稳定而长期的辅助蜜粉源植物，则对生产蜂王浆极为有利。特别要注意生产蜂王浆所需的花粉不能缺乏，只要外界有粉源植物开花，靠奖励饲喂饲料糖也可以生产蜂王浆，但如果长期缺少粉源，即使补喂花粉人工代用品，也很难长时间持续生产蜂王浆。

（三）温暖的气候

当温度稳定在 17～34℃时，是生产蜂王浆的适宜气候；13℃以下或 35℃以上，相对湿度 80% 以上则对产浆不利。

三、生产蜂王浆的工具

生产蜂王浆所使用的工具与培育蜂王时的工具基本相同，包括产浆框、移虫针、人工台基、采浆用排笔或吸浆器、镊子、双刃刮胡刀片、75% 酒精、取浆瓶等。

（一）产浆框

产浆框是一个周边尺寸与巢框同等大小的木框，但其厚度不似标准巢框那样有 27mm 厚，而是只有 17mm 左右。产浆框内等距离装上 4 根宽 10～15mm，可旋转或拆卸的木条，以便粘接人工蜡碗。生产蜂王浆不似人工育王那样要求严格的王台质量及仅 30 个左右较少的数量，因而每根木条上可等距离粘接 20～25 个人工蜡碗，共80～100 个蜡碗。

（二）其他工具

生产蜂王浆的原理及方法与人工育王的基本相同，故所使用的工具也基本相同，有移虫针、蜡碗或人工台基、镊子等。采浆则多使用2 号油画笔舀出王台中蜂王浆，再集中到取浆瓶中。设备条件比较好的蜂场最好使用吸浆器采浆。

四、蜂王浆的生产流程

（一）产浆群的组织

当外界气温基本稳定后，如果蜂群的群势达到 10 框以上，即可以上继箱，把 2 张小幼虫脾、2 张大幼虫脾和 2 张蜜粉脾提到继箱中，中间放小幼虫脾，两边放大幼虫脾，最外面放蜜粉脾，剩下的多余箱内空间填上保温物。巢箱中则放封盖子脾及剩下的幼虫脾和蜜粉脾，并在保证蜂脾对称的前提下不时插入新的产卵用空脾供蜂王产卵。在继箱和巢箱中间加上隔王板，蜂王留在巢箱内，这样一来，蜂巢被隔成两个区，继箱为生产区用于生产蜂王浆，巢箱为繁殖区供蜂王产卵。

（二）准备移适龄幼虫

如果每次移虫时都到各群中去找适合的小幼虫虫脾，费功费时，为了提高移虫效率和移虫质量，可组织专门的供应小幼虫虫脾的蜂群以满足需要。供虫群可以是弱群、新分群、蜂王已产卵的交尾群等，其群势大约在5框蜂以内即可。如外界蜜源不好，需要对供虫群进行奖励饲喂，促使其蜂王产卵，并保证小幼虫房中有适合移虫的足够浆量以利于移虫。在移虫前4d加入优质的产卵空脾供蜂王产卵。考虑到有些供虫群的哺育力有限，经移虫后的巢脾可加到其他强群中代为哺育，而供虫群则可继续加入产卵用空脾，从而保证生产用虫的持续不断供应。如果有蜂王产卵控制器，可在移虫前4～5d，将蜂王和适宜产卵的空脾放入蜂王产卵控制器内，加入供虫群中让蜂王在空脾上产卵，并每次在取用适龄幼虫脾后，重新往蜂王产卵控制器中补入产卵空脾。

（三）产浆框的准备

用人工蜡碗在每根产浆框的木条上粘贴20～25个人工台基，也可采用塑料台基条。塑料人工台基条的好处是不会损坏，也不用修台、补台，而且可用细铁丝绑固或用万能胶黏固的方法将塑料台基牢靠地固定在产浆框的木条上，比较方便。

准备妥当的产浆框在移虫前应放进继箱内两个小幼虫脾间，让中蜂整理2～4h，以利中蜂对王台的接受。此外，移虫前1d的晚上对蜂群进行奖励饲喂，可提高王台的接受率。

（四）移虫

移虫前用油画笔往各个台基中涂刷一层经清水冲稀的蜂王浆液，可提高王台的接受率。完成台基涂浆工作后，可用湿毛巾暂时盖住产

浆框以防台基中的蜂王浆液干涸，然后从供虫群中提出适合的小幼虫
脾，刷掉脾上的中蜂，用一块光滑干净的木板衬垫在幼虫脾下以便于
移虫操作。移虫宜在光线明亮的遮阴处进行，不能在阳光直射之处移
虫，以免脾上的小幼虫因水分的丧失而影响生长发育。移虫时，用移
虫针的舌状角质针端沿巢房壁插入幼虫底部的蜂王浆中，连带蜂王浆
液一起提出，再将针端伸到人工台基底部，轻轻推压推杆，将一头小
幼虫连浆带虫移入台基底部，即完成一次移虫。如此反复操作，将每
个人工台基内移入一条幼虫。如果在移虫中移虫针不小心碰到小幼
虫，或者推杆时小幼虫身体被翻转，则必须重新移虫。移好虫的蜂王
浆框，应尽快放入产浆群继箱中原产浆框的位置，让中蜂检查及整
理。通常第 1 次移虫的接受率不高，故经过 2～3h 后应提出产浆框，
再补移 1 次那些没有被蜂群接受的台基。移虫技术的好坏对王台的接
受率影响很大，这只能通过养蜂员的勤学苦练进而熟能生巧来不断改
善提高，没有其他捷径可走。刚开始时可能要半小时甚至 45min 才能
移满 1 个产浆框，但逐渐要达到在 10～15min 移完 1 框，且接受率
在 90%～95% 的移虫速度和质量，才能符合蜂王浆生产的要求。

（五）取浆

产浆框放入继箱中原预定位置后，中蜂即会分泌大量的蜂王浆饲
喂王台中的小幼虫，至移虫后的 68～72h 时，王台中的浆量达到最
高，正是取浆的最佳时机。取浆时，先将取浆场所清扫干净，并将取
浆用具和贮浆器具用 75% 酒精消毒。然后从蜂群中提出产浆框，将 4
根木条旋转 90° 或 180°，使王台的房口朝向侧面或上面，以免脱蜂时
王台中幼虫发生位移。再轻轻抖落工蜂，并用蜂帚扫落剩余的工蜂。
把产浆框平放在光滑洁净的木板或桌面上，用双面刮胡刀片顺台基口
削去加高部分的蜂蜡，再用镊子逐一夹出幼虫，注意不能夹破王台中
幼虫的体壁，或遗漏幼虫未夹出，以免幼虫体液或尸体混入王浆中而
影响蜂王浆的质量。最后即可用 2 号油画笔刮出各台中的蜂王浆。如
有真空泵，则用吸浆器取浆更好。

（六）再移虫

取浆完毕的产浆框，用刀片刮除多余的赘蜡后，应立刻再次移虫

而进入下一次蜂王浆生产周期，这样王台的接受率能保持在一个较高的水平。

五、蜂王浆高产管理技术

影响蜂王浆产量的因素很多，有外界的气候、蜜源等因素，蜂群强弱、状态、泌浆力等因素，人员的技术因素等。在生产中应努力创造蜂王浆高产的各种有利因素而克服其不利因素，具体措施有以下几点。

（一）选用蜂王浆高产蜂种

"平湖浆蜂"是我国自行选育的王浆高产蜂种，泌浆力比一般意蜂显著提高，现已在我国普遍使用，可从众多的种王蜂场中购得。但由于种王的价格比较贵，一次购买大量种王而更换场内所有蜂王的可能性不大，而且由于后代的遗传性状分化而导致泌浆力下降的情况时常发生，使得优良产浆能力的稳定性问题很难通过一次性换王解决，故可以少量引进蜂王浆高产种王，再通过多代的选择性人工育王而巩固蜂群的王浆高产性状。

在人工育王时既要注重对蜂群蜂王浆高产能力的考察，还要关注这种高产特性的稳定性的问题。通常的做法是，选择5个或5个以上蜂王浆产量最高的蜂群，选其中产卵力及产浆力最好的1～2群作为种用母群，其余的作为种用父群。在育王前要剔除非种用父群的雄蜂，并选择一个与其他蜂场不同的季节或时间，或选择一个距离10km范围内没有其他蜂场的场地培育雄蜂及蜂王，以免在自然交尾的情况下造成不可控制的杂交而影响后代中蜂的产浆性能。对各种用蜂群应建立长期的跟踪档案以记录其产浆量的动态变化，凡是经生产实践证明确是优种的蜂王，应保存较长时间，延长使用年限。

要在外界有蜜粉源时进行人工育王及培育雄蜂，并采用复式移虫法；在王台育成后，把过早、过迟封盖的，弯曲、扁短的剔除；出房后的处女王要观察其体形、体色、大小等，剔除不满意者；蜂王产卵15d后，其后代工蜂的产浆力即能反映出来，可淘汰不尽如人意的蜂王。

此外特别要注意的是，蜂王浆高产性状往往与越冬能力不能兼容，如果在冬季寒冷的地方使用蜂浆王，可能会对蜂群的顺利越冬造成不利的影响。

（二）饲养强群

强群内 6～12 日龄的工蜂数量多，所分泌的蜂王浆量自然就多，不仅能提高单个王台的产浆量，还能负担更多的王台数，多加产浆框。

（三）保持蜜粉充足

在大流蜜期生产蜂王浆与采蜜并不冲突，且蜂王浆的质量高；如果没有大蜜源，有花期较长的辅助蜜粉源也能生产高质量的蜂王浆；即使仅只有粉源植物开花，通过对蜂群奖励饲喂糖浆，也能生产蜂王浆；但当蜜粉皆无时，即使不断地人工饲喂糖浆和花粉人工代用品，也很难长期生产蜂王浆。由此可见保持蜂群内蜜粉充足对生产蜂王浆的重要性。对于生产蜂王浆的蜂群，取蜜取粉时不能太过勤过多，应在大蜜源花期结束前少取多留，在辅助蜜源时期尽量不取，而在群内饲料不足时一定要人工补足。此外，为提高蜂群的产浆能力，可经常性地进行奖励饲喂。在进行奖励饲喂时最好用商品价值较低的三等蜜，少喂白糖、饴糖，一般不喂红糖，以免影响中蜂的消化及蜂王浆的质量。饲喂花粉最好是用新鲜花粉，可加入上一花期留下的花粉脾，或将花粉灌在空脾内饲喂，也可将花粉制成饼状饲喂。

（四）延长产浆期

产浆期是指从每年开始生产蜂王浆之日起，到生产结束之日为止的时间段。产浆期受外界气候和蜂群状况两个方面的影响。我国各地产浆期南北差异很大，一般东北地区仅有约 3 个月的时间，华北、西北地区约 4 个月，黄河流域约 5 个月，长江流域约有 7.5 个月，华南地区约有 9.5 个月。要使蜂群在产浆期内都能生产蜂王浆，必须以强群越冬，在早春快速繁殖，按时达到生产蜂王浆的群势标准。

（五）使用高产全塑台基条

目前生产蜂王浆多用全塑台基条。台基条的种类比较多，通常圆柱形的台基条蜂王浆产量较高，但对养蜂技术的要求较高；而杯形台基条的接受率较高，对养蜂技术的要求较低，但蜂王浆的产量较低。每个蜂场都要通过试验选择适合自己的台基条，以提高蜂王浆的产量。

（六）合理定台

蜂群的群产浆量决定于接受王台的台数和每个王台的浆量。其中单个王台的产浆量主要与蜂群中的中蜂数量密切相关。王台数量不足，工蜂的泌浆能力没有充分发挥，不仅影响蜂王浆的产量，还容易促成蜂群的分蜂热；而如果王台数量过多，则每台浆量将减少，会增加人工成本。一般的做法是，按照1框蜂7～10个王台的比例，为各产浆群配备人工王台数量，并根据实际产浆情况随时做出调整。

（七）产浆区的布置

可用平面隔王板和框式隔王板把蜂箱分成产卵区、哺育区、产浆区3部分。产浆区在继箱上，哺育区在巢箱一侧，这两个区都没有蜂王，可各放一个王浆框生产王浆。在产浆框的两侧应放置小幼虫脾以刺激保姆工蜂的泌浆积极性。

（八）供给适龄幼虫

蜂王幼虫在孵化后90～96h时王台中的王浆量达到最高，以此推算，移虫后72h取浆的，移虫的虫龄应为18～24h；而移虫后48h取浆的，移虫的虫龄则为48h。每个产浆框上各王台中所移幼虫的虫龄必须保持一致。

（九）提高移虫技术

王台的接受率，主要受移虫的成功率及蜂群当时的状况这两个因素影响。移虫技术的提高依靠养蜂员熟练掌握及应用移虫针快速而准确地移虫，而蜂群的状态可以通过合理的蜂脾配备及巢脾在蜂巢中的合理空间排列顺序来实现。

六、王浆的初加工及保鲜

采下的鲜浆，应经过过滤处理，除去其中可能存在的幼虫尸体、蜡屑等杂质后，放入特制的王浆瓶中，或装入可密封的聚乙烯塑料瓶中，最后放入冰箱中冷冻保存。

第四节　蜂胶的生产及初加工

一、蜂胶采收技术

蜂胶是中蜂从植物幼芽及茎干伤口上采集的树脂，并混入其上颚腺分泌物和蜂蜡等加工而成的一种具有芳香气味的胶状固体物。中蜂采集蜂胶的目的是堵塞孔洞和包埋尸体。在养蜂过程中可利用这一特性实施采胶。收集蜂胶的方法一般有下列三种。

（一）直接收刮

在检查蜂群时，或日常管理过程中，随时用起刮刀刮取纱盖、继箱巢箱边沿、隔王板、巢脾框耳下缘或其他部位等处蜂胶，捏成小团。日积月累，可取得一定量的蜂胶。

（二）覆布取胶

覆布取胶操作方便，是普遍使用的一种取胶方法。在框梁上先横放几根木条，用白布作覆布，将覆布放在木条之上，与上框梁保持 0.3 ～ 0.5cm 的空间，促进蜂胶的积聚。取胶时，把覆布平放在铁皮盖上或干净的硬木板上，让太阳晒软后用起刮刀刮取。如果有冷冻设备，也可把覆布放进冰柜，使蜂胶冻结变脆，提出覆布敲搓，使蜂胶自然落下。刮完胶后，把覆布有胶面向下盖回蜂箱，使无胶面始终保持干净。经过 10 ～ 20d，又可进行第 2 次刮胶。另一种方法是：在覆布下加一块与覆布大小一致的白色尼龙纱，同样使覆布、尼龙纱与框梁形成空间，中蜂就会采集树胶填塞空隙。在通常情况下，一个强群在 20d 中采集的蜂胶能把尼龙纱与覆布粘在一起。在检查蜂群时揭开箱盖，让太阳晒 2 ～ 3min，蜂胶软化，轻揭覆布，黏结的蜂胶受拉力而成细条，然后再将覆布盖上，如此处理，黏稠的蜂胶丝柱使框梁与尼龙纱、尼龙纱与覆布之间又成空隙，便于继续收集存留蜂胶。也可在框梁上横放木条或树枝，加大空间。等尼龙纱两面都粘上蜂胶后，便可采收。

采收时，从箱前或箱后，用左手提起尼龙纱，右手持起刮刀，刀刃与框梁成锐角，边刮边揭，使框梁上的蜂胶全部落在尼龙纱上，直至全部揭掉。再将尼龙纱两对角折叠，平压一遍，让蜂胶互相黏结，逐一揭开尼龙纱，使蜂胶呈饼状，便于取下。最后把覆布铺在箱盖上，用起刮刀轻轻刮取覆布上的蜂胶。尼龙纱上剩余的零星小块，可用蜂胶捏成的小球在尼龙纱上来回滚动几遍，胶屑便可全部黏结于球上，取完后，覆布和纱布再放回箱内，继续收集。如有条件的蜂场，把集满蜂胶的覆布和尼龙纱放进冰柜或冷库，冻结后，将覆布和尼龙纱卷起来用木棒轻轻敲打和揉搓，蜂胶可自然落下。如转地放蜂，可将取胶覆布和尼龙纱集中起来，送回冰柜再取胶，然后拿回蜂场继续取胶。

（三）网栅取胶

将网栅式集胶器置于蜂箱巢脾顶部，通常放 10～20d。待蜂胶集聚到一定数量时，将网栅集胶器取下，放进冰柜内冷冻使蜂胶变脆，然后取出敲击或刮取蜂胶。无论采用哪种方法取胶，采收的蜂胶，要认真处理干净，除去蜡瘤、木屑、死蜂等杂物，及时用无毒塑料袋包好，并密封，防止蜂胶中芳香物质挥发，并注明采收地点和日期。为了提高蜂胶的生产量，可利用采胶力强的蜂种，如高加索蜂，也可通过系统选育，培育采胶力高的蜂种。

二、蜂胶的初加工及贮存

采下的蜂胶宜用薄膜袋密封后置于低温下贮存。在装袋前可将蜂胶内泥土、枯枝等杂质拣出，再称重，写明生产日期、生产蜂种、胶源植物种类、生产地点、生产者等标签后，放入一密封且无光的大容器内保存。待一个生产周期结束或蜂胶积累到一定数量后，一次性出售给收购部门。

第五节　雄蜂幼虫及蛹的生产及初加工

雄蜂发育至 20～22 日龄时，蛹体已基本发育完成，体壁几丁质尚未硬化，但也不易破碎，是食用的最佳时期，也是商品价值最高的时期。雄蜂蛹的蛋白质含量远远高过一般的肉类食品，是营养价值极高的天然营养食品，深受消费者欢迎。

一、生产雄蜂蛹的条件

其一，与生产蜂王浆类似，用意蜂生产的雄蜂蛹个头较大，内含物较多，比较适宜商业生产；其二，生产雄蜂蛹的蜂群应健康无病，特别是不能有幼虫病；其三，生产雄蜂蛹需要消耗大量的蜂蜜和花粉，因而外界蜜粉源要比较丰富，蜂群中要蜜粉充足；其四，生产雄蜂蛹的蜂群应是强群，并已处于准备分蜂的雄蜂培育期，这样蜂群培育雄蜂的积极性较高。

二、生产雄蜂蛹的工具

（一）雄蜂蛹生产专用脾

用专门的雄蜂房巢础做出整脾的雄蜂房巢脾。将普通的标准巢框装上雄蜂巢础，其方法同一般的工蜂房巢脾修造方法，并利用主要流蜜期或充足的辅助蜜粉期，将雄蜂巢础框加入强群中修造。如果外界蜜源不足，则要进行奖励饲喂。雄蜂脾的数量以每群蜂准备 1～4 张为宜。

（二）蜂王产卵控制器

它是一个控制蜂王活动及产卵范围的容器。将蜂王放入其中后，蜂王便只能在控制器中的巢脾上产卵，这样就达到了让蜂王只在选定的巢脾上产卵的目的。如果没有蜂王产卵控制器，可选择一个没有上继箱的平箱群，用框式隔王板将蜂箱的某一边隔离出一个可容 3 个巢脾的小区，在小区内放 1 张已产满卵的卵虫脾和 1 张封盖子脾，雄蜂脾放在中间，使蜂王在上面产下雄蜂卵。

（三）割蜜刀

用于割去雄蜂封盖子的封盖。

（四）簸箕或白瓷托盘

用于承接及晾晒雄蜂蛹。

（五）其他用具

包括纱布、保鲜袋、消毒用的酒精、保鲜用具等。

三、生产雄蜂蛹的方法

（一）蜂王产雄蜂卵

选择群势强壮无病的双王群，让一只王产工蜂卵，另一只王则专产雄蜂卵。先将雄蜂脾放在蜂王控制器内，再将蜂王控制器放在巢箱内一侧的幼虫脾与封盖子脾之间，24～36h 后，工蜂会将控制器和雄蜂脾打扫干净且符合产卵要求，此时可将蜂王捉入控制器内，并将第2 张雄蜂脾插入巢箱中让工蜂整理。一般经 36h 后，蜂王在控制器内的雄蜂脾上产满卵，可将雄蜂脾提出，放到继箱（无王）内孵化、哺育，再将第 2 张雄蜂脾放入蜂王产卵控制器，如此反复地让蜂王产下雄蜂卵。这种方法，蜂王集中在雄蜂脾上产卵，子脾整齐、面积大、日龄一致、简便易行。

如果没有蜂王产卵控制器，可用框式隔王板在巢箱的一边隔出一个能容纳 3 张脾的小区，小区的中央放雄蜂脾，两边各放一封盖子脾和无空房的幼虫脾，次日将蜂王捉入小区，同时在巢箱的子脾与蜜粉脾间插入一张新的雄蜂脾让工蜂整理。蜂王在雄蜂脾上产卵 36h 后，将产满卵的雄蜂脾提出，放到继箱内的无王区孵化、哺育，并把整理好的雄蜂脾插入小区中，让蜂王继续在第 2 张雄蜂脾上产卵。也可在小区内加入 2 个空脾，7d 换 1 次，直到停止雄蜂蛹生产为止。

（二）雄蜂蛹的哺育

雄蜂幼虫体大，食量也大，所需要的饲料是工蜂幼虫的 3 倍左右，故担任雄蜂蛹哺育的蜂群一定要蜜粉充足，群势强大。为保证雄蜂蛹的质量，应每天对哺育蜂群进行奖励饲喂。雄蜂房的封盖较高，因而雄蜂脾所留的蜂路也要稍宽一些。哺育雄蜂蛹的蜂群要有一定程度的分蜂欲望，要留心控制好蜂群的这种欲望，既不能没有，也不能过于强烈，否则工蜂的哺育积极性会大减而最终影响产品的生产。

（三）采收前的准备

采收产品前，要将采收室打扫干净，保持采收现场的卫生及整洁；采收人员要穿经杀毒处理的干净工作服，洗净双手并用酒精消毒；所用采收工具（如割蜜刀、托盘等）用 75% 酒精消毒。

（四）雄蜂幼虫的采收

至雄蜂幼虫 10 日龄时，雄蜂幼虫已老熟并刚被封上房盖，虫体卧于巢房底部，与封盖间有 5 ～ 6mm 的间隙。如果所要生产的产品为雄蜂幼虫，则此时正是采收最佳时机。采收时，先将雄蜂封盖子脾提出，抖落上面附着的中蜂后，再将脾提入采收室内，割去封盖后放在一干净的架子上，让雄蜂幼虫从房内慢慢爬出，落在下面的篾箕或托盘上，然后喷洒 75% 酒精消毒，最后装入保鲜袋中，每袋重 1kg。排尽袋中空气后，密封袋口，放入 -4℃的冰箱中暂时保存，或放在 -18℃冰箱中冷冻保存。

（五）雄蜂蛹的采收

如果生产的产品是雄蜂蛹，则在 21 ～ 22 日龄时采收为好。先把封盖雄蜂蛹脾从蜂群内提出，抖去中蜂并用蜂扫将中蜂扫净后，最好能将封盖雄蜂蛹脾放入冰柜冷冻 5 ～ 7min，取出后保持脾面呈水平状态，用木棒在上梁上敲几下，或将脾的上梁和下梁在桌子边沿磕几下，使脾内的蛹下沉，与封盖间有一定的间隙以便割盖；然后用锋利的割蜜刀削去雄蜂房封盖，注意不要割到雄蜂蛹的头部。将已削去封盖的一面翻转朝下，对准托盘或篾箕，用木棒敲框梁，使雄蜂蛹震落在托盘或篾箕中。一面取完后，用同样方法再取另一面，如有少量未脱出的雄蜂蛹，可用竹镊子夹出。最后是称重、装袋（每袋 1kg）、密封及冷冻保鲜。

如果没有冰箱，可用盐渍法保鲜，即在烧开的 2 份水中加入 1 份盐（盐水的量至少要能完全浸没蜂蛹），待食盐完全溶解后，倒入蜂蛹，煮沸 15 ～ 20min，捞起晾干，然后可装袋、密封，送收购单位 -5℃下冷冻保存。在大批量生产雄蜂蛹中，盐渍蜂蛹的盐水可反复使用，并不时按盐水重量的 15% 的比例加入新盐以补充消耗的盐分，使盐水的浓度始终保持在 50% 左右。经盐渍法处理的蛹体色泽白嫩且体壁坚实，处理效果较好。

生产雄蜂蛹的巢脾，可重复使用。如不再生产，须将雄蜂巢脾放入蜂群中进行清理，然后再贮存。

第十二章　中蜂蜂群常见病敌害防治

第一节　中蜂病敌害预防的重要性

一、蜂病预防的重要性

必须特别强调的是，蜂病防治建立正确的观念是非常重要的。第一，蜂病的防治包括了"防"和"治"的两个过程和措施，而且，其中更加重要的在于"防"，要"预防为主，综合防治"。多数常发病害的病原是细菌、病毒，可通过蜂体或巢脾传染，这种病无法彻底消灭，会经常复发，需要提高警惕，及时预防。预防中蜂发病的作用和效果，远比等中蜂已经发病才病急乱投医地"治"要重要得多，效果好得多。而现实中的情况却是，很多养蜂人平时对蜂病疏于防患，对一些蜂病的发病预兆视而不见，甚至常常采取一些有利蜂病感染和传播的管理措施。等蜂病暴发时，再想采取措施，往往为时已晚。第二，要综合利用各种防治措施，不能一味地见病就喂药，若喂药不见效，就以为药不好或者没有找对药，而对其他防治措施则懒于尝试和实施。这样做的后果是，很多病原微生物对药物逐渐失去敏感性，等到真正需要喂药时，药已经没有效果。第三，中蜂与其他生物一样，有好的营养、好的环境就不容易生病。在蜜源丰富的环境下，中蜂基本不会患病，要寻找蜜粉源丰富的地方放蜂，要科学合理地取蜜，在蜂群缺蜜缺粉时一定要及时补喂，很多时候中蜂生病都与蜂群中食物短缺有关。

二、蜂病预防要素

蜂病的预防是日常性事务，要经常性地注意做好以下工作，这对防止蜂病的发生有着重要的意义。

（一）搞好人蜂关系

中蜂也是有"脾气"的，而且中蜂的"脾气"与主人的性格息息相关。有的养蜂人很粗心，开蜂箱动作过大，时不时将中蜂压死碰死。在这样环境中成长的中蜂具有很强的攻击性，会经常回报于主人一个"甜蜜的亲吻"，而主人此时如果作出粗暴的剧烈反应，则中蜂也会有进一步的回应。这样的人所饲养的中蜂，对病敌害的抵抗力也会受到影响。如果人能精心对待中蜂，它们也会与人类友善和谐相处。

（二）关心蜂群生活

平时应多关心中蜂，为它们做一些它们做不了但对它们又非常重要的工作，蜂箱上面常年盖杉树皮等覆盖物防晒，尽量避免外界气温对蜂巢的影响；夏季更要做好防晒工作，将蜂箱放在有树阴的地方搭棚遮阴；低温季节适当加强箱内保温；每天打扫蜂场卫生，拔除杂草，及时调节巢门，防止老鼠、蟑螂、蜜蛾乘隙而入；中蜂抗巢虫能力较弱，箱底和四周缝隙要用石灰加桐油补牢，防止巢虫滋生；越夏期胡蜂为害猖獗，要争取对其毁巢消灭，对进入蜂场的个体要随时人工扑灭等。

（三）了解蜂群

对全场各个蜂群的基本情况要做到心中有数，要时常做记录，做到有案可查，为管理提供合理依据。

（四）选择培育优良品种

优良抗病品种并不一定是靠从外地购买良种就能得到的，平时要留意哪群蜂有较好的抗性，并在育王时有意选择采集力、抗病虫害能力较强的蜂种进行育种。常年坚持选育抗病良种，往往是最有效、最经济的病害防治措施。

（五）常年坚持饲养强群

强群的防病防敌害能力比弱群要强。以为害中蜂严重的巢虫为例，弱群往往深受其害，而达到满箱的强群几乎不生巢虫。弱群可合并成强群，宁愿少而精，勿要多而滥。

（六）调整好蜂脾的比例关系

从晚秋到早春紧缩蜂巢，使蜂多于脾，加强蜂群的保温护子能力；越夏期间，抽出多余巢脾使蜂略多于脾，这样蜂群能更好地护脾，防止巢虫侵害；在流蜜期，应适时扩大蜂巢，使蜂脾相称等。

（七）减少人为干扰

平时无事少开箱，越夏和越冬期则尽量不开箱，只作箱外观察和贴听箱内动静，以此来判断蜂群是否正常。

（八）遵守卫生操作规程

对蜂场和蜂具要经常消毒。如对蜂场地面可在季节交替之时撒生石灰粉消毒；对蜂箱、隔板、闸板等坚固而又耐高温的蜂具可通过太阳暴晒来消毒；对巢脾、饲喂器等不能高温消毒的蜂具可以用消毒水、高浓度盐水消毒等。消毒须认真、严格。要严格遵守卫生操作规程，在没有确定全场无病之前，不在蜂群间随意调换巢脾；新引进的蜂王或蜂群必须确保无病；尽量远离有病蜂场；不喂来历不明的饲料等；要有隔离意识。若碰到严重的传染性疾病流行，连养蜂人员之间的来往都要避免。

（九）注意合理用药

一定要在正确诊断的基础上对症下药。不随意加大药物剂量；不乱喂抗生素类药物。

（十）合理取蜜

取蜜时要保证蜂王和蜂群的安全，有蜂王的脾和幼虫脾不取，以防损伤蜂王或冻伤子脾；尽量不影响蜂群采集工作，取蜜的时间可尽量安排在一早一晚，慎防盗蜂发生；蜜少或流蜜期后期不取蜜，以免杀鸡取卵，饲料不足的要在蜜源结束前补足，花粉不足时注意给蜂群补充蛋白质饲料。

第二节　中蜂病敌害概述

一、引发中蜂病害的因素

与其他生物一样，中蜂也会生病。引起中蜂生病的原因均来源于蜂群周边的环境因素，或者说中蜂病害就是中蜂对各种不良环境因素的不良反应。这些环境因素可以是生物性的，如蜘蛛、蟾蜍、蚂蚁，也可以是非生物性的，如温度、湿度、光照、风等，都可能影响到中蜂各个体及其群体（蜂群）的生存和发展状态。这些环境因素对蜂群的作用有如下特点。蜂群周边环境的各种生物和非生物因子是综合作用于蜂群的，中蜂生病不是哪个因子单独作用的结果；其中每个因子对蜂群的影响力是不尽相同的，有的影响大而有的影响小，有的起主要作用而有的起次要作用；尽管如此，每种因子的作用都不是可有可无的，是其他因子不能替代的；如果当其中的某一种或某些因子的影响减弱时，往往其他因子的影响会相应增强；各种因子对蜂群的影响是有限的，并带有明显的阶段性。

中蜂在千万年的进化过程中与这些时时变化的错综复杂的诸多因子相互作用，形成了自己特有的适应特性。一旦环境因子的变化超出了中蜂的承受范围，蜂群的正常生命活动就会受到干扰及破坏，其生理功能、组织结构、新陈代谢等将发生一系列病理变化，中蜂就会在功能上、结构上、生理上或行为上表现出异常，并最终死亡。

二、中蜂病害的一般性分类

（一）非生物性因子

在这些导致中蜂生病的环境因子中，非生物性因子引起的病害属于非传染性的，如夏季高温引起的卷翅病，可能会致使蜂群中一定比例的幼蜂翅膀卷曲而丧失飞行能力，但卷翅病不会由一些个体传播给另外一些个体；某群蜂被大风吹翻不会使其他蜂群也跟着翻覆等。

（二）生物性因子

生物性因子，即引起中蜂生病的原因是某种或某些生物。生物性因子造成的病害往往是具有明显传染性的，诸如中蜂囊状幼虫病、副伤寒病、白垩病、蜂螨病等中蜂病害就可以从一群蜂传染给另外的蜂群，从一个蜂场传染给另外的蜂场。从这个意义上来说，我们探讨的中蜂病害，重点应放在对致病生物因子的研究上，尽管同时我们也不能忽视非生物性因子的影响。

引起中蜂传染性病害的病原包括细菌、病毒、真菌、螺旋体、寄生螨、原生动物、寄生性昆虫和线虫等。其中个体较大而能直接被我们肉眼看到或经过低倍放大就能看到的那些病原（如寄生螨、寄生性昆虫、线虫、原生动物等）引起的传染性病害被习惯性地称为侵袭性病害；而那些由很小病原（如病毒、细菌等）所引起的则被称为侵染性病害。

三、传染性病害的传播途径

（一）直接接触传播

那么，中蜂的传染性病害，是如何从患病群蔓延到其他健康群的呢？一种方式就是直接接触传染。对经口传播的病害种类来说，因蜂群中个体与个体间的分食、口对口饲喂非常频繁，在分食、饲喂过程中，通过口器的相互直接接触，患病中蜂就会将病原微生物传递给健康中蜂，一传十，十传百，病害很快传播至整个蜂群；而对非经口的病害种类来说，蜂巢中有限的空间和众多的成员，使个体间的身体接触一则不可避免，二则中蜂也喜欢并习惯于这种经常性接触同伴的感觉。借助这种高频度、高密度的身体接触，病原物就可由病蜂传染给健康中蜂。病害在群内的传播感染，主要就是通过上述直接接触传播途径完成的。

（二）非接触性间接传播

另一种传播方式是非接触性的间接传播。即病原物需要借助传播媒介的帮助才能完成传播。例如，空气中飘浮的病原微生物、被病群工蜂分泌物或排泄物所污染的花朵、水源、土壤等，可能会被健康群接触到而感染疾病；但更常见是病群所使用过的饲料、巢脾、蜂箱、蜂机具等，在未经过严格消毒处理的情况下，被养蜂人在日常管理时，无意中又使用在健康群上，从而造成传染。事实上，大部分中蜂传染病都是通过这种间接传播方式传播的。疫区病害传播到新区也是这种间接传播方式。另外，蜂群与蜂群间的病害传播，也是通过间接接触传播途径完成的。

既然间接传播一定需要传播媒介的帮助，否则就不能实现病害的传播，那么对传播媒介的防治就能起到防治病害的作用，而不必去防治病害本身。或者说，对媒介物的防治与对病害的防治一样重要。因此，养蜂员应严格遵守蜂场规范卫生操作规程，不要无意中成为病害传播的携带者。

四、中蜂病害的发病过程

中蜂的发病是一个比较复杂的过程。首先是病原与寄主（中蜂）要有一个接触的机会，并从寄主的某个特定的部位，主要是从口、表皮、气门或节间膜等较薄弱处，侵入寄主体内，并定植下来。其中，病毒和细菌通常多是从口中侵入的。正如我们所见，在中蜂的卵、幼虫、蛹、成虫4个发育阶段中，以幼虫和成虫发病较为常见，而卵和蛹均是不吃也不动，一副弱不禁风的样子。但可能正是这种不吃也不动，使病原从口中侵入的可能性大大减少，因而患病的概率大大降低。而真菌则往往以经寄主的表皮侵入为主；寄生性螨类多是通过节间膜和气门取食中蜂体液的。各种病原物往往具有固定的侵入部位且相互间又彼此有别。其次，病原物侵入成功后，一般要经过一定时间的增殖，积累到足够的数量，才能对寄主产生伤害性影响，如出现特定组织和器官的破损、坏死、病变、功能失调、代谢紊乱等。这个增殖过程能否实现，一要看寄主的免疫系统是否能识别并杀灭病原，二要看当时的各种环境条件是否有利于寄主而不利于病原，只有当两者的答案都是否定时，该过程才能完成。

五、中蜂病症的常见症状

一旦前述两个过程顺利完成，中蜂即表现出发病的症状。常见的症状如下。

（一）变色

患病中蜂的体色有别于正常个体，如中蜂幼虫病的感病幼虫往往由珍珠白色变为白黄色、浅黄色、黄色、黄褐色甚至深褐色；又如患病成年蜂腹部常变黑变暗等。

（二）腐烂

中蜂组织病变坏死，细胞分解、腐烂而变味发臭。

（三）畸形

患病中蜂经常出现如腹部臌胀、卷翅、缺翅等畸形现象。

（四）花子

这是中蜂幼虫病发生早期特有的现象，患病幼虫被内勤蜂清除后，继而蜂王会在腾出的空房内产卵，造成本应日龄一致的同一子脾上，封盖子、日龄不一的幼虫房、卵房、空巢房相间排列的状态。养蜂术语上称为"花子"。

（五）穿孔

本已封盖的巢房内，患病的幼虫、蛹发病死亡，内勤蜂会咬开封盖准备清除其中的死虫。在开箱检查时就常能见到房盖上出现被咬出的小孔。

（六）爬蜂

这是成年蜂病害常见的现象，无论是什么原因所引起的病害，患病中蜂都因病原微生物的寄生而导致机体虚弱或神经损伤，无力飞行或行为反常地在蜂箱底部或蜂箱外漫无目的地胡乱爬行。养蜂术语称之为"爬蜂"。

（七）行为或生理异常

中蜂的翅膀、足等不自觉地颤动；没有缘由突然胡乱攻击、蜇刺人畜等表现，可能就属于发病的异常表征。

六、中蜂病害症状的特点

中蜂的病害发生与其他动物的病害有着一些明显的不同或特点。当检查蜂群能清晰而容易地见到发病中蜂的症状时，中蜂的病情实际上已到了相当严重的程度。这是因为在长期的进化过程中，中蜂形成了一种特有的清巢习性，凡是发现病患者，内勤蜂就会将其拖弃出蜂巢，使患病者不再成为新的传染源。这种清巢习性对中蜂的抗病力是非常有帮助的，一般的病情在我们不知不觉中，已经被中蜂清理干净而可能自愈了，只有到了病患死亡的速率超过中蜂的清巢速率时，我们才能在蜂巢中看到具有典型症状的患病中蜂，可想而知此时蜂群的病情已是多么的严重。中蜂病害发病的特点：一是，中蜂是过群体社会性生活的动物，一个群体中的个体数量既庞大而又高度密集，而且个体间的接触非常频繁，加之中蜂较强的飞行能力和活动空间的一致性（每群蜂都可能到有花开的同一个地方采集），这种特性一方面对流行病的传播是个很有利的前提条件，使病害的传播速度远远高于其他动物，另一方面中蜂的患病往往会迅速波及全群的几乎所有个体，即中蜂得病不是哪些个体或哪种类型的中蜂得病，而是整个群体都得病，对病害的防治对象也是针对整个蜂群而不仅仅是其中的部分成员。二是，蜂群一旦染病，养蜂员所采取的种种针对性防治措施，主要是起到防止病害的重复感染而进一步蔓延扩散加重的作用，但难以把已患病的中蜂个体治愈。

第三节　中蜂常见病害的防治

一、欧洲幼虫腐臭病

欧洲幼虫腐臭病是一种中蜂幼虫细菌性病害。该病于 1885 年首次系统报道，目前广泛发生于世界几乎所有的养蜂国家。我国于 20 世纪 50 年代初在广东省首先发现，20 世纪 60 年代初南方诸省相继出现病害，随后则蔓延全国。该病害不仅感染西方中蜂，东方中蜂特别是中蜂发病比西方中蜂严重得多，并常与中囊病混合发生，使病群治愈变得非常困难，见图 12-1。

（一）病原

包括多种细菌，主要是蜂房链球菌，还有许多次生菌，包括尤瑞狄斯杆菌、粪链球菌、蜂房芽孢杆菌等。这些次生菌能加速幼虫的死亡，并使病虫产生一种难闻的酸臭味。显然，中蜂发病是这些细菌综合作用的结果。病菌的来源比

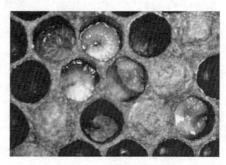

图 12-1　欧洲幼虫腐臭病

较复杂，而在死虫的干尸中，只有蜂房链球菌及蜂房芽孢杆菌能长期存活。

（二）发病机制及其症状

欧洲幼虫腐臭病一般只感染小于 2 日龄的幼虫。这些小幼虫吞食被中蜂链球菌污染的食物后，该菌在中肠迅速繁殖，破坏中肠周围食膜，然后侵染上皮组织，有时病菌能几乎完全充满中肠。经 2～3d 潜伏期，通常病虫在 4～5 日龄封盖以前大量死亡。

患病后，虫体变色变形，失去肥胖状态，从珍珠般白色变为淡黄色、黄色、浅褐色，直至黑褐色。刚变褐色时，由于死亡幼虫呈现溶解性腐败，透过表皮清晰可见幼虫的气管系统。弯曲幼虫的背线呈放射状，已伸直幼虫的背线为窄条状。随着变色，幼虫塌陷，似乎被扭曲，最后在巢房底部腐烂。死亡幼虫具酸臭味，没有黏性，故不能拉成丝状。干枯后堆缩于巢房底部呈鳞片状，易被工蜂清除。若病害发生严重，巢脾上"花子"明显，幼虫大量死亡，蜂群中长期只见卵、虫而不见封盖子。

（三）传播途径

子脾上的病虫及幸存的病虫是主要的传染源。内勤蜂的清洁，哺育幼虫活动，将病原菌传播至全群。群间传播主要是由于盗蜂、迷巢蜂或养蜂员调整群势等引起。被污染的饲料，特别是花粉，也是该病的主要传染来源之一。

（四）环境与发病的关系

欧洲幼虫腐臭病的发生有明显的季节性。低温季节或温度变化大的季节，往往是该病的高发期。在我国南方，一年中常有两个发病高峰，一是 3 月上旬至 4 月中旬，二是 8 月下旬至 10 月上旬，这两个发病高峰期，都基本与蜂群繁殖高峰期相重叠，即与春繁、秋繁相重叠。这是因为繁殖期蜂群内幼虫多，哺育负担重，如果外界气温较低而蜂群保温又不好时，病害易发生，尤其弱小蜂群易发病。此外，在外界缺乏蜜源、幼虫营养不良的条件下蜂群容易发病。

（五）预防措施

①应尽量减少外界对蜂巢的影响，使蜂巢有一个较恒定的温湿

度，并做到平时蜂脾相称或蜂略多于脾。

②选育对病害敏感性低的品系作种群。

③换王。打破群内育虫周期，给内勤蜂足够时间清除病虫和打扫巢房。

④严格对蜂场消毒，病群内的重病脾取出销毁或严格消毒后再使用。

（六）药物治疗

1. 抗生素糖浆

许多抗生素类药物（如青霉素、链霉素、土霉素、四环素、红霉素等）均对该病有效，可轮换使用。配制方法为药物 20 万 U 与白糖：水为 1 : 1 的糖浆 500g 混匀，根据群势大小，每群每次喂或喷给药剂糖浆 250 ～ 500g，每天 1 次，连续 4 ～ 5 次为 1 个疗程，间隔 3 ～ 5d 进行下一疗程，不见症状时停止。

2. 抗生素炼糖

配制方法为 224g 热蜜加 544g 糖粉，稍凉后加入 7.8g 抗生素药物，搓揉至变硬，分成小块喂给 50 群左右病群，重病群可连续喂 3 ～ 5 次，轻病群 5 ～ 7d 喂 1 次。

3. 抗生素花粉饼

按每群蜂每次 8 万 ～ 10 万 U 的计量，将土霉素、四环素等抗生素类药物拌入准备饲喂给蜂群的花粉中，花粉的量以 2 ～ 4d 能被中蜂采食完为准，再加入蜂蜜揉至不粘手的面团状，最后将含药花粉放在巢框上梁之上，让中蜂搬运取食。待中蜂取食完毕后再次配制饲喂，连喂 3 次。

二、美洲幼虫腐臭病

与欧洲幼虫腐臭病一样，美洲幼虫腐臭病也是一种中蜂幼虫细菌性病害。该病于 1907 年被鉴定。我国于 1929—1930 年从日本引进西方中蜂蜂种时将该病带入，给当时的中国养蜂业带来巨大损失。目前该病广泛发生于温带与亚热带地区的几乎所有国家。各国养蜂业受其危害严重。该病在我国被列为检疫性中蜂病害。

（一）病原

美洲幼虫腐臭病的病原为幼虫芽孢杆菌。该细菌属革兰阳性细菌，在一定条件下能产生芽孢，芽孢由7层结构包围，比一般细菌的芽孢外面4～5层结构多，这种特殊的构造使得该芽孢具有特别强的生命力，对热、化学消毒剂等都具有极强的抵抗力，在热、干燥等恶劣环境下能存活数十年。

（二）发病机制及其症状

幼虫芽孢杆菌的芽孢被中蜂幼虫取食后，在幼虫的中肠萌发，然后穿过中肠组织，开始快速繁殖，最后杀死中蜂幼虫。幼虫在1～2日龄时极容易被病菌感染，但潜伏期较长，一般要到幼虫老熟封盖后才表现出明显的症状并大量死亡。发病的典型症状包括变色变形、变味等。开箱查看，能看到病群的封盖子表面常呈现湿润油光状，封盖常下陷并有针头大小的穿孔；病虫的体色从正常的珍珠白变黄色、淡褐色、褐色甚至黑褐色，同时虫体不断失水干瘪，并散发出明显的胶臭气味。若用镊子、细棍挑取病虫体，可拉成2～3cm的细丝。最后虫体完全失水干枯后，成紧贴于巢房壁、呈黑褐色、难以清除的鳞片状物。

（三）传播途径

该病一般是经口侵入幼虫的消化道，故而带菌的食物或巢脾是病害传播的主要来源，其在蜂群内的传播一般是由哺育蜂将被污染的饲料饲喂幼虫而引起；而在蜂群间的传播则主要是通过人为的不规范操作而将病群的巢脾、饲料调入健康群，也可通过中蜂的错投或盗蜂传播。

（四）环境与发病的关系

由于芽孢只要在适宜的环境下就能萌发，所以美洲幼虫腐臭病的发生没有一定的季节性，一年中的任何一个有幼虫的季节都有可能发生，但一般在夏、秋季节发生的相对较多。意蜂对该病比较敏感，而中蜂则通常表现出较高的抗性。此外，蜜源的质量对其发生有较大的影响，病群在大流蜜期到来时，病情会减轻，有些甚至能不治而愈。蜂蜜中还原糖比例高对该病有一定的抑制作用。

（五）预防措施

①保持蜂场日常卫生清洁。

②对蜂具、蜂箱进行定期消毒、清理。

③杜绝病原，远离病场、病群。

④保持蜂群内饲料充足，防止发生盗蜂，及时扑杀进入蜂场的胡蜂。

（六）药物治疗

可选用抗生素类药物制成糖浆、炼糖或粉饼饲喂。这些药物包括硫胺噻唑、土霉素、盐酸林可霉素、泰乐菌素等。也可选用治疗欧洲幼虫腐臭病的药物进行治疗。

三、中蜂囊状幼虫病

中蜂囊状幼虫病又名囊雏病，是一种侵染中蜂幼虫的病毒性病害，传播迅速且死亡率高。该病 1971 年冬在广东省佛冈、从化、增城等地首先发生，翌年流行于广东全省，至 1974 年已蔓延至福建、江苏、江西、浙江、安徽、湖南、四川、青海、贵州等省。在新区暴发时，可造成 30% ～ 100% 的蜂群损失，曾给当时的中蜂养殖带来毁灭性的打击。现该病已扩展至全国各地区，常会在某些年份突然重新暴发并造成重大损失（图 12-2）。

（一）病原

中蜂囊状幼虫病是由中蜂囊状幼虫病病毒引起的，这种病毒有很强的传染力。一个患囊状幼虫病死亡的幼虫尸体内所含的病毒，可使 3000 个以上的健康幼虫感病。

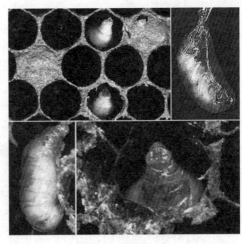

图 12-2　囊状幼虫病

（二）发病机制及其症状

幼虫通常在 1～2 日龄时被囊状幼虫病病毒感染，病毒在幼虫体内迅速大量增殖，主要聚集在中蜂咽侧体、舌下腺及脑等组织中。脑和咽侧体受到危害时，致使内分泌紊乱，同时调节并产生毒素，进而抑制幼虫的蜕皮过程。潜伏期 5～6d，少部分感病幼虫若被保姆工蜂发现即被清理出巢，但大部分无异常表现。至 5～6 日龄大量死亡，30% 死于封盖前，70% 死于封盖后，其死亡速度往往大于工蜂清除死幼虫的速度。

发病初期常出现"花子"现象，乃是病死幼虫巢房又被蜂王补产新卵所致。到病虫死亡速度大于工蜂清理死虫速度之时，即可见到典型的囊状幼虫病症状，病虫原已封好的封盖又被工蜂咬开，房内病虫虫体伸直，头部朝向巢房口呈尖头状，虫体体表完整，表皮内充满乳状液体。若用镊子将病虫夹起，整个虫体像一个充满液体的小囊，故取名为"囊状幼虫病"。随后，病虫体色由珍珠白变黄，继而变褐、黑褐色，其中头胸变色较深，死虫不腐烂，无臭味。最后，虫尸表皮因干枯而变硬，继而脱离巢房内壁，呈现"龙船状"。到完全干枯后，虫尸变成很脆的"鳞片"，可研为粉末。

（三）传播途径

最早的病虫往往是由于蜂群间中蜂的错投、迷巢、盗蜂所产生，或是蜂场人员不经意调换蜂群间的巢脾而由病群带入健康群。发病的病虫是主要传染源，此外，被囊状幼虫病毒污染的饲料也是重要的传染源。带毒的工蜂是群内病害传播的主要媒介，因为囊状幼虫病毒能在成年工蜂体内增殖而不表现出明显的症状，因此一旦工蜂在搬运病死幼虫的过程中吞下了破损病虫体的内容物，病毒即可进入其王浆腺中增殖，当这些工蜂哺育幼虫时，便会将囊状幼虫病病毒传播给健康幼虫。

（四）环境与发生的关系

该病发生与季节、气候、蜜源、蜂种和蜂群的群势关系密切。

从季节因素来看，病害易发期一般从 10 月至翌年的 3 月，以 11—12 月及翌年 2—3 月为高峰期。到 4—9 月时，病情往往会减轻甚至不治而愈。

从气候因素来看，当气温较低而不稳定，昼夜温差较大，湿度大时容易发病；反之则不容易发病。这就是1—3月易发病而4—9月不易发病的原因。

从蜜源因素来看，蜜源好或贮蜜足不易发病，反之则容易发病。这是因为如果幼虫的营养不足，其对疾病的抵抗力就会下降。有的蜂场在流蜜期中发病反而更重，主要原因是取蜜太频繁，群内蜜粉不足而幼虫缺食所致。

从中蜂种类因素来看，不同蜂种对该病的抵抗力不一样，西方中蜂抗性较强，中蜂则容易感染发病。

从蜂群群势因素来看，强群抵抗力强而弱群易发病。因为蜂群强大时成年蜂与幼虫的比例较高，蜂群内哺育负担相对减轻，保温能力强，且强群饲料一般较充足，幼虫饲喂好，发育健壮，少量病虫很快被清除，故不易发病。而弱群保温较差，哺育任务重，幼虫营养不良，容易发病。

据观察，中蜂囊状幼虫病的发生呈较明显的周期性，每3～5年常暴发1次。

（五）预防措施

1. 选育抗病品种

这是预防中蜂囊状幼虫病最有效的措施。从蜂场中选择抗病力较强的蜂群作为母群，移虫育王用以更换病群的蜂王；与此同时选择抗病力强的蜂群作父群培育雄蜂，并采取措施将病群雄蜂杀死。连续进行几代选择可使全场蜂群对囊状幼虫病的抵抗力大大增强。

2. 加强保温及饲喂

早春和晚秋，外界气温较低，要保持蜂脾相称，并根据外界温度高低，调整蜂路。应注意蜂群保温，减少开箱检查次数，过弱的蜂群可进行合并。

当蜂群内饲料不足时，要及时补助饲喂，以保证蜂群正常生活需要。在蜂群大量繁殖期间，应补喂花粉，以增强中蜂的抵抗力。无天然花粉时可使用花粉代用品，即人工补充饲喂蛋白质和多种维生素饲料。具体做法是，将脱脂奶粉、脱脂大豆粉、酵母粉等作为添加物加在浓糖浆中喂蜂或揉成饼状物饲喂蜂群。

3. 加强消毒

换箱时，蜂箱、巢框用 1% ～ 2% 氢氧化钠溶液洗刷消毒，或用沸水浇淋消毒。已发病的蜂群，将巢脾提出，除去病死虫后化蜡。如还要再使用，一定要经过严格消毒处理。

4. 杜绝病原

不与有病蜂场同场饲养，不接触病场蜂群和人员，不买带毒饲料等。

（六）药物治疗

目前没有对中蜂囊状幼虫病治疗特别有效的药物，比较成功的经验是断绝病原的来源（不断病死的幼虫），让工蜂有一段较长的清理时间将群内的所有病死幼虫清理干净。常用的方法有断子治疗法及换王治疗法。所谓断子治疗，就是在进行药物治疗的同时，将蜂王用铁纱罩罩在脾上，迫使其停止产卵，使蜂群在 1 个育虫周期内（20d 左右）断子，以减少病原重复感染机会；而所谓换王治疗是指蜂群发病后，选用抗病力较强蜂群培育的处女王或王台来更换、淘汰病群蜂王，使病群在新王出台、交尾期间群内无子，以此掐断病毒重复感染的路径。治疗的药物可选用以下数种。

半枝莲或华千金藤（又称海南金不换、牛舌头蒿）根煎药榨汁，配成 50% 的浓糖浆后，灌脾饲喂，饲喂量以当天吃完为度，连续多次。用量为 4 群蜂同一个人的用量。将含药糖浆置于盒中，如果天气好在傍晚喂蜂，天气不好在下午喂蜂，隔 2d 1 次，连喂 4 次。全场蜂群都喂，弱群先喂糖浆 1 次，然后再喂药糖浆。另外，每次喂药前清洗食具。

四、中蜂白垩病

中蜂白垩病也称作"石灰质病"，是一种危害中蜂幼虫及蛹的真菌性病害。在发病季节里，蜂群的发病率有时可高达 80% ～ 100%，很多蜂场全场毁灭性损失。该病广泛存在于世界各地中蜂养殖地区，我国于 20 世纪 80 年代初在个别蜂场开始发生白垩病，至 80 年代末首先在浙江暴发流行，并由转地放蜂蜂场的长途转运而迅速传播蔓延至全国各地，给当时的养蜂生产造成极大的损失。

（一）病原

引起中蜂白垩病的真菌属于子囊菌纲的蜂球囊菌，该真菌的菌丝为雌雄异株，雌性呈白色而雄性呈黄褐色，两者结合进行有性生殖，形成膨大的子囊球，其内充满着大量的子囊孢子。孢子具有很强的生命力，在干燥状态下可存活 15 年之久。

（二）发病机制及其症状

子囊孢子被中蜂幼虫吞食进入中肠后，经数小时至数十小时开始萌发，再经过 3～4d 的菌丝增殖生长后，菌丝穿透消化道而在寄主体腔内不断增殖生长，至感染的第 5d 左右，寄主体内已密布菌丝体，并最终穿出寄主体壁，雌雄菌丝将在体外交配而产生孢囊。因此，被感染的幼虫前 3d 无明显症状表现，少数幼虫体表长出白色菌丝；至感染后的第 5d 多数幼虫会死亡。

发病初期，病虫体色与健康幼虫相似，体表尚未形成菌丝；中期幼虫柔软膨胀，腹面长满白色菌丝；后期整个幼虫体布满白色菌丝，虫体萎缩并逐渐变硬，似粉笔（白垩）状。如果是大幼虫阶段感病，巢房盖被工蜂咬破，挑开后可见死亡幼虫。死虫尸体有白色、黑色两种。可在巢门前的地面上和蜂箱底部看到工蜂由巢房内拖出并丢弃的这两种不同颜色的虫尸。

若发现死亡幼虫呈白色或黑色，表面覆盖白色菌丝或黑色孢子粉时，即可确诊为白垩病。如果有显微镜，可挑取幼虫尸体表层物涂于载玻片上，滴 1 滴蒸馏水，在低倍显微镜下观察，若发现大量白色菌丝和孢囊及孢囊孢子时，可进一步诊断。

（三）传播途径

白垩病是通过子囊孢子传播的，因此，被污染的饲料、死亡幼虫尸体或病脾是病害传播的主要来源；蜂群间的传播是通过盗蜂和迷巢蜂将被污染的饲料喂给健康幼虫。此外，也可因为养蜂员不遵守卫生操作规程，随意将病群中的巢脾调入健康群而传染。

（四）环境与发病的关系

工蜂及雄蜂幼虫均可感染白垩病，而雄蜂幼虫尤为严重。意蜂发病严重，而中蜂几乎不感染该病。白垩病的发生与温湿度关系密切。当温度为30℃，而相对湿度在80%以上时，适于子囊孢子生长，所以春秋季多雨潮湿季节该病易发生。因为此时蜂群正处在繁殖时节，当子圈扩大而保温不力时，如果幼虫封盖后子圈内温度略有下降，哪怕只有几小时的短暂时间，也容易促成该病的发生，弱群因保温能力不足而更易发病。此外，当蜂群中储蜜含水量较高时，病害容易发生；而当蜂蜜已酿造成熟而含水量低于21%时，病害将会减轻。这是因为含水量较高的新蜜可使巢内湿度增加，而蜂蜜酿造成熟后巢内湿度降低的缘故。

（五）预防措施

1.选育抗病品种

注意选育对疾病抗性较强的种用蜂王，淘汰老王、劣王及敏感系蜂王。

2.保持蜂场良好小气候

蜂场地势低洼、潮湿、阳光不足、通气不良是诱发白垩病的重要原因。所以蜂场应设在坐北朝南、地势高燥、阳光充足、通风良好之处。蜂箱要用砖石垫高，盖上防雨物。场地四周挖好排水沟，经常用生石灰粉消毒蜂场场地。及时打扫清理蜂场卫生等。

3.饲养强群

强群保温能力、清巢能力强，可提高对病害的抵抗能力。弱群应及时合并。

4.蜂具及蜂场消毒

每年的春、秋季是白垩病高发期，应提前对蜂箱、巢脾、饲喂器、隔板等所有工具进行彻底消毒。蜂箱内的保温物要经常在太阳下暴晒，以除去湿气，杀灭病菌。

5.设立饲水器

在蜂场中设立固定的饲水点，不使中蜂因采集不洁用水而带入病原生物。

6. 补助饲喂

当外界蜜粉源缺乏时，要及时补助饲喂糖浆和花粉，以增强中蜂的体质，提高抗病能力。

（六）药物治疗

1. "克垩灵"或"蜂抗"饲料添加剂

由北京香山益友养蜂研究室研制。于早春蜂群春繁前及春繁时，按药物使用说明，采用喷脾或灌喂的方式给药，可预防和治疗白垩病的发生。

2. 灭白垩1号

1包药（3g）喂40脾蜂。先用少量温水溶解，再加糖水1L，糖水比例为1:1，充分搅匀后喷脾。每3d1次，连续用药4～5次为1个疗程。

3. 优白净

将药液稀释100倍，抖落巢脾上的中蜂后喷脾，每脾约用药10mL。每天1次，连续4次为1个疗程。疗程间隔期为4～5d，至不见病虫时停药。

4. 0.1%麝香草酚糖浆

先将5g麝香草酚用白酒溶解，再加入糖浆5kg，糖水比例为1:1，可喂100脾蜂。

5. 石灰水

1.25kg生石灰兑水2.5kg，化开后搅匀，静置8～24h后，取澄清液，加入白糖2.5kg，搅拌均匀后喂蜂，可喂100脾蜂。

6. 大黄苏打片

按每片药喂10框蜂的计量，将大黄苏打片研碎混入糖：水比例为1:1的糖浆中喂蜂。

五、中蜂麻痹病

中蜂麻痹病是为害成年中蜂的病毒性疾病，又常被称作"瘫痪病"或"黑蜂病"，分别因该病的两个典型症状而得名。该病分布范围广，在世界许多国家都普遍发生。患病蜂群的成年蜂体弱而失去劳动力，寿命大大缩短，造成蜂群群势的下降，蜂蜜和王浆的产量降低。

据统计，在成年蜂所患的各种疾病中，该病所占比例一般较大，但各地及各蜂场之间的发病率却存在较大差异。发病轻微的仅有少数病蜂出现，蜂群转地后如蜜源条件改善，病蜂可自愈，但遇适宜发病条件时，又会复发；发病严重的蜂群则每天死亡数百只乃至数千只中蜂之多，致使蜂群群势长期得不到恢复和发展。

（一）病原

引起中蜂麻痹病的病原有两种，分别是慢性麻痹病毒和急性麻痹病毒。它们的外部形态、致病温度、失活条件等均存在差异，如慢性麻痹病毒和急性麻痹病毒的最强致病力分别于35℃和30℃时表现，而急性麻痹病毒在35℃时甚至可能会失活。这两种病毒在蜂尸中均能保持毒性2年，但对光和热比较敏感，当加温至90℃时，经过30s即将其杀死。

（二）发病机制及其症状

病毒侵入中蜂体内后，主要在其头胸腹的各神经节、上颚腺、咽下腺细胞内增殖聚集，早期并不表现症状，到病毒累积至相当程度时，可对中蜂的神经细胞造成伤害而使中蜂表现出抽搐、痉挛、瘫痪等明显症状并最终死亡。

中蜂麻痹病的症状表现有两种类型："Ⅰ型"（大肚型）、"Ⅱ型"（黑蜂型）的症状是病蜂翅膀和体躯不正常地抖动，飞不起来而跌落在地并爬到草茎上。有时数以千计的病蜂聚集成团，有时在蜂箱内乱挤成团，腹部因蜜囊充水而肿胀，翅膀张开并脱落，病蜂几天后死亡；"Ⅱ型"或称"黑蜂型"的症状是病蜂的腹部不肿胀，有时反而缩小。病蜂的体表绒毛脱光，身体油光发黑，在巢内常常遭到其他工蜂的追咬。病蜂飞出箱外后，守卫蜂不许它们飞回蜂巢，使它看起来很像盗蜂的行为。几天后，病蜂开始发抖，不能飞翔，不久便死去。

以上两种症状在同一蜂群中出现时，往往是以其中一种为主。在早春和晚秋，气温低，蜂群活动少，多以"Ⅰ型"为主；夏秋时节，蜂群活动积极，常以"Ⅱ型"症状为主。

（三）传播途径

由于病蜂蜜囊及头部、胸部、腹部神经节、上颚和咽下腺细胞内含有大量病毒粒子，通过饲料、花粉和中蜂的饲喂活动，病蜂可将病毒传播给健康中蜂，这是群内疾病传播的主要方式。此外，病毒粒子还可以通过被损伤了绒毛的体壁及气孔而进入中蜂体内，当中蜂相互拥挤、摩擦时，病毒可通过体外伤口而进入寄主体内。至于病害在蜂群间的传播，则主要是借助盗蜂及迷巢蜂而传播的。在秋季麻痹病流行季节，若蜂场有患麻痹病蜂群，只要经过一场盗蜂之后，就会迅速传播至全场。

（四）环境与发病的关系

中蜂麻痹病的发生与气候关系较为密切，尽管一年中的任何季节都可能发病，但一般在平均气温为15～20℃时发病严重，为一年中的发病高峰期。例如，春季发病高峰期的时间由南向北，由东向西逐渐推迟，在中国南方出现时间为1—2月；华北地区为4—5月；而东北、西北地区为5—6月。除春季外，秋季也是中蜂麻痹病的发病高峰期。

（五）预防措施

1. 加强保温

注重对蜂群的保温，以防蜂群受凉受潮，选择向阳干燥的养蜂场地。

2. 补充营养

保持巢内充足饲料，并适当给患病蜂群饲喂奶粉、黄豆粉之类的蛋白质饲料，提高蜂群的抗病能力。

3. 及时换王

选用无病群培育的蜂王更换病群的蜂王，以提高蜂群繁殖力和对疾病的抵抗力，这是目前防治麻痹病的首要措施。

4. 消灭病蜂，减少传染源

可用换箱法杀灭病蜂。方法是先将病群蜂箱移开，然后在原位置放一新蜂箱，再逐一提脾把蜂抖落在新箱前，并把抖完蜂的巢脾放入新箱内。健康蜂行动正常，能很快爬进箱内，而病蜂由于行动迟缓留在后面，最后将病蜂收集后焚烧或埋掉。

（六）药物治疗

1. 新生霉素或金霉素

20万～30万U，加入糖浆1kg，糖∶水比例为1∶1，可喂30～40脾蜂，隔天饲喂或喷雾1次，连喂4次为1疗程。

2. 升华硫

对病蜂有驱杀作用，对患病蜂群每群每次用升华硫7～10g，均匀撒在蜂路、框梁上或蜂箱底部，可以有效控制麻痹病的发展。

3. 胰核糖核酸酶

每群每次用胰核糖核酸酶15mL兑水15mL喷脾，可控制病毒在中蜂体内的增殖。

4. 爬蜂净

爬蜂净药物1g，加入2kg糖浆，糖∶水比例为1∶1，搅拌均匀后喷脾或喂蜂，可喂70～80脾蜂，3～4d1次，4次为1个疗程。

六、中蜂孢子虫病

中蜂孢子虫病是为害成年中蜂的一种原生动物性疾病，也被称作"微粒子病"。该病普遍分布于世界各地中蜂养殖地区，在我国各地区也有不同程度地发生，北方蜂群越冬时间长，发病较普遍而且严重。患病中蜂生产力明显下降，寿命缩短，蜂群群势下降快，恢复困难。

（一）病原

引起中蜂孢子虫病的病原属于原生动物门孢子虫纲的中蜂微孢子虫。原生动物是一类体积最小且结构最简单的动物，一般只有一个细胞，没有器官分化，可由细胞中不同的细胞器来履行其他动物依赖器官才能执行的诸如运动、摄食、消化、生殖等各种生命活动。原生动物中很大一部分营寄生生活，其生活史有两种生殖形态，即无性裂殖和孢子生殖。在寄主体内时一般以无性裂殖方式繁殖。当环境条件不利时，可形成抗性较强的孢囊孢子。

在中蜂体外中蜂孢子虫以孢子的形态存活。孢子对外界不良环境的抵抗力很强，在中蜂的尸体内可存活5年；在巢脾上可存活3个月至 2 年；在中蜂的粪便中可存活 2 年；在水中可存活 113d；在直射阳光下，要经 15 ～ 32h 才能杀死；在 10% 的漂白粉溶液中，需 10 ～ 12h；在 4% 福尔马林溶液中，需 1h；而在 1% 的石炭酸溶液中，只需 10min 就可将其杀死。

（二）发病机制及其症状

经口进入成年中蜂消化道的病原孢子，于进入寄主的中肠后，通过射出极丝而将营养体引入中蜂中肠的上皮细胞细胞质中。进入寄主体内的营养体先增大体积，再经过裂殖生殖迅速增殖聚集，可在 32h 内完成一个生活周期而繁殖一批新个体。经 6 ～ 10d 后，被感染的上皮细胞出现病变而从中肠上脱落，其内已充满新的孢子，这些新产生的孢子既可能侵入新的上皮细胞，也可能随病蜂的排泄物排出体外，成为新的污染源。而患病中蜂的消化道病变，将导致中蜂营养不良及各种组织器官的功能性障碍和代谢异常。经检测，病蜂体内白细胞通常较正常中蜂减少 50% 左右。

患病中蜂病初行动缓慢，后期则委靡不振，完全失去飞行能力，两翅散开，体色暗淡，头尾发黑（因此又被称作"黑尾病"），下痢，身体萎缩，常集中在巢脾下面边缘、蜂箱底部、框梁上及蜂箱巢门前和场地上无力地爬行，不久即死亡。由于病蜂常受到健康蜂的驱逐，致有些病蜂的翅边缘出现缺裂。如果拉出病蜂的消化道，可见其已由正常的淡褐色、有光泽及弹性、环纹清晰变成病变的乳白色、无光泽及弹性、肿胀的形态。

（三）传播途径

中蜂孢子虫病的唯一传播途径是消化道感染，而被病蜂污染的饲料和巢脾是病害传染的主要来源。在病蜂排泄时，其消化道内聚集的大量孢子虫随粪便排出体外，污染蜂箱、巢脾、蜂蜜、花粉及水源，尤其是当病蜂伴有下痢症状时，污染更为严重。当健康中蜂取食被污染的饲料时，孢子便经中蜂口器而进入其消化道，并在肠道内发育繁殖，新的孢子体与肠壁坏死细胞一起脱落，排出体外，由此继续传播蔓延。

（四）环境与发病的关系

中蜂孢子虫不仅可在中蜂的肠道中存在，还可存在于中蜂的体表及巢脾、箱壁及巢外的水池、土壤等处，中蜂可能有很多机会吞食下孢子虫，但是否发病，除了与所吞食孢子虫的数量密切相关外，还与温湿度条件有关。当温度在31℃时，孢子虫发育最快；而温度达到37℃时，孢子数量大减；在14℃时，孢子的数量最低。即当温度偏中适宜时，发病快而重；高温、低温时，发病慢而轻，甚至停止。因此发病有明显的季节性，其高峰期多出现在春季。广东、广西、云南和四川发病高峰期出现在1—2月；湖南、江苏、浙江发病高峰期为3—4月；华北、东北和西北为5—6月。春繁开始前后，中蜂后肠中粪便积累较多，若外界气温低而中蜂无法外出活动，可能会迫使其在巢中排泄，进而增加病害的传播机会；长期下雨而中蜂不能外出排泄，发病率也会上升。场地低洼、湿度大、光照差时易发病。

除温湿度条件外，食物也是重要的影响因素。蜂群越冬饲料不良，尤其是在蜂蜜中含有甘露蜜的情况下，易引起中蜂消化不良，促使孢子虫病发生；在外界无蜜粉源、中蜂营养不良时发病重，而发病轻微的蜂群如遇丰富的蜜源条件，病情可暂时得到控制。

病情的发生在不同群势的蜂群中有所不同，一般弱小群发病快而重，强壮群发病慢而轻。在不同类型中蜂中，工蜂感染率最高，其次是蜂王，雄蜂较少感染。在工蜂中又以青壮年蜂感染率最高，而幼年蜂和老龄蜂较低；幼虫和蜂蛹则不感染。在蜂种之间，存在抗病性差异，西方中蜂（如意蜂）发生较普遍，而东方中蜂（如中蜂）很少发病。

（五）预防措施

①越冬蜜中不能含有甘露蜜，最好是封盖的优质蜜。

②消毒。对蜂具、蜂箱及巢脾等，在春季蜂群春繁前要彻底消毒。蜂箱及巢框用火焰喷灯灼烧；巢脾可用4%甲醛溶液或冰醋酸浸泡消毒。

③换王。早春应及时培育新王以更换病群中的蜂王。

④孢子虫在酸性溶液中可受到抑制。早春结合对蜂群奖励饲喂，

可在糖浆中加入酸性食物如柠檬酸、米醋、山楂水等，浓度分别为1kg 糖浆内加柠檬酸 1g、米醋 3mL、山楂水 100mL。

⑤及时排泄飞行。选择气温 10℃的晴天，让蜂群尽早完成排泄飞行，有利于预防孢子虫病的发生。

（六）药物治疗

①"保蜂健"使用浓度为 0.2%。将药粉 1 包溶于 500mL 糖浆内，傍晚对蜂群喷喂，可喷 20 ～ 40 框蜂，隔日 1 次，3 次为 1 个疗程。间隔 10 ～ 15d 开始第 2 个疗程。

②"爬蜂灵"取药粉一包（5g），加入 1kg 糖浆，糖：水比例为1：1，拌匀后喷喂，可喂 30 ～ 50 脾蜂，3d 1 次，4 次为 1 个疗程。

③"灭滴灵"药物一片（0.5g），加 1kg 糖浆，每群每次 0.3 ～0.5kg，3 ～ 4d 1 次，4 ～ 5 次为 1 个疗程。

④复方酸饲料，在 1kg 糖浆中加入 3 ～ 4mL 食醋后，再加入 10万～ 20 万 U 的氯霉素，可治疗中蜂孢子虫病。

七、副伤寒病

副伤寒病是为害成年中蜂的细菌性疾病。该病广泛分布于世界各地中蜂饲养地区，尤以纬度较高而温度偏低的地区发生较为严重。在欧洲，该病的发生频率较高，所造成的损失可占到中蜂病害损失的10% 或更高；在亚洲和非洲发生也较为普遍，并时常严重影响当地的养蜂业。因病蜂常常下泻而死，因此俗称"下痢病"。病群成蜂大量死亡，蜂群群势下降迅速，会严重影响蜂群的安全越冬和春季繁殖，甚至造成全群覆没。

（一）病原

引起副伤寒病的病原为中蜂哈夫尼肠杆菌，或称为蜂房副伤寒杆菌，革兰染色阴性，长 1 ～ 2μm，宽 0.3 ～ 0.5μm，两端钝圆，能运动。该菌在土壤中可存活 8 个月；在中蜂尸体中，即使是在阳光直射下也可存活 30d 左右。因不能形成芽孢，对热和化学药剂的耐受力很弱，在福尔马林蒸汽中 6h 死亡；在沸水中只需 1 ～ 2min 即死；在73 ～ 74℃的热水中也只能活 30min。

（二）发病机制及其症状

蜂房副伤寒杆菌广泛存在于外界的土壤、水中及植物的表面，当中蜂采集食物及饮水时，特别是采到不洁净的水时，就可能吞入足够致病的病原菌。如果中蜂的抗病力因某种或某些原因（如寒冷、饥饿等）而降低时，病原菌就可能在寄主的消化道中大量繁殖。当病菌裂解增殖时，往往会释放出对寄主有强烈毒性的内毒素。细菌在细胞内的繁殖及其产生的毒素使中蜂中肠的上皮细胞坏死脱落，消化道充水肿胀并丧失消化吸收功能，寄主会持续地下痢，将未消化的食物与大量病菌及坏死细胞残体排出体外而污染周边环境；毒素进入血腔后对寄主的神经系统产生伤害，使之对外界的刺激变得麻木迟钝，并最终死亡。

中蜂副伤寒病没有特别明显的独特症状，被感染中蜂的发病潜伏期为3～14d，患病中蜂常表现为体质衰弱，行动呆滞，翅膀麻痹不能飞行，腹端螫针无力蜇刺，体色暗淡，腹部膨大，下痢等，而这些症状在中蜂孢子虫病、中蜂麻痹病等其他蜂病中也常常遇到。不同之处是患副伤寒病中蜂所排出的粪便常为褐色而黏稠之物，并伴有其他疾病没有的一股恶臭气味。拉出病蜂的消化道时，多呈灰白色，其内充满稀糊状粪便。患病严重的蜂群，可看到大量中蜂在箱底及蜂箱巢门附近死亡（死亡率可达50%～60%），并散发出恶臭。

（三）传播途径

污水是该病的主要传染源。病原菌可在污水坑中存活，当春季中蜂采水时，可被带入蜂群。而病群向健康群的传播则是通过人为的抽换巢脾或饲喂不洁饲料，以及迷巢蜂、盗蜂的活动而被带入健康蜂群。

（四）环境与发病的关系

中蜂副伤寒病多发生在冬、春两季，且绝大部分出现在西方中蜂上。如果越冬场地阴冷潮湿，或春季气温低而雨水多，容易发病。夏季若气温突然降低也容易发病。

越冬饲料的质量与病害的发生关系密切。如果食物中甘露蜜或水分较多，容易诱发疾病；而优质封盖蜜则可在一定程度抑制病害的发生。

（五）预防措施

①保证越冬饲料的质与量。在越冬前要留足优质饲料，取出甘露蜜含量高的蜂蜜。

②设立固定采水点。应在蜂场设置清洁的水源。

③及早排泄。晴暖时要敦促蜂群排泄飞行。

④加强蜂场卫生及日常管理。要每日清洁打扫蜂场，清除各种垃圾污物及污水；将蜂群成列于背风向阳干燥之处；不得在未确定全场无病的前提下随意调换巢脾，不得用来源不明的饲料饲喂蜂群。

⑤加强蜂群保温。天气变冷时要注意适时对蜂群保温。

（六）药物治疗

①氟哌酸。按每10框蜂0.025g的药量对病群喷雾或饲喂，隔日1次，连用5～7次为1个疗程。

②土霉素。每千克糖浆内加药10万～20万U，可喂40框蜂，喷脾饲喂。4d1次，4次为1个疗程。

③氯霉素。每千克糖浆内加药10万U，用药剂量和用药方法同土霉素一致。

④复方新诺明。每千克糖浆内加药1～2g，用药剂量和用药方法同上。

八、爬蜂病

爬蜂病是由多种病原物引发的为害成年中蜂的传染性疾病。于20世纪80年代末开始在我国发生，1990—1995年进入高发期。发病蜂群的成年工蜂大量从蜂箱内爬出，爬到箱外不远处的草堆、低洼处后成堆死亡。受害蜂群轻则死蜂成堆，群势迅速削弱，病群失去生产能力；重则可导致全场蜂群覆灭。养蜂人一时找不到原因，即将这种现象称为"爬蜂"，爬蜂病因此得名。该病自发生以来即在西方中蜂（如意蜂）中迅速蔓延并扩大到全国各地，成为西方中蜂的顽疾。

（一）病原

一般认为中蜂爬蜂病有中蜂螺旋体、中蜂孢子虫和中蜂麻痹病毒

3 种病原。三者混合感染而发病的占 21.4%；两种病原同时感染的占 71.4%；而中蜂螺旋体单独感染而发病的仅占 7.2%。

螺旋体是一种细长、柔软、弯曲呈螺旋状的运动活泼的单细胞原核生物，状如松开的弹簧，全长 3 ～ 200μm，具有细菌细胞的所有内部结构，在生物学分类上的位置介于细菌与原虫之间。中蜂螺旋体的直径为 0.17μm 左右，对干燥、高温、化学消毒药物及抗生素均比较敏感。

（二）发病机制及其症状

外界环境中存在大量的中蜂螺旋体，如土壤、植物的花朵等处。当中蜂外出采集时，就可能将这些中蜂螺旋体携带返巢。一旦蜂群的免疫能力因温湿度不适、营养不良、食物或农药中毒等因素而下降，中蜂螺旋体就会乘虚而入侵染中蜂的消化道，致使中肠细胞遭到伤害而溃烂。中蜂消化道的功能紊乱，大大降低了中蜂的抗病能力，使得原来被抑制的其他一些病原物（如中蜂麻痹病毒、中蜂孢子虫等）也在患病中蜂身体中大量增殖，病蜂的病情更是雪上加霜，进一步加重了病情的严重程度。

爬蜂病的典型症状是大量患病中蜂聚集在巢内空隙处或框梁的边缘，不上脾，表现出行动呆滞迟缓，衰弱无力地从箱内爬出，有的欲飞而飞不起来地呈跳跃式爬行，吻伸长，翅展开，腹部拉长，体色暗淡。爬蜂时间一般为上午多，下午少；遇阴雨或寒潮转晴时多，2 ～ 3 个晴天后又逐渐减少，有的晚上也爬出箱外，几小时便在蜂箱附近死去。主要为害青壮年蜂，也侵染蜂王和雄蜂。蜂王被侵染后，很快停止产卵而死亡，因而病重的蜂场均不同程度地失去蜂王。爬蜂病根据病症的严重程度而被分为急性型和慢性型两种。急性型发病严重，在蜂箱周围可观察到大量爬行中蜂，患病蜂群群势下降迅速；慢性型病情较急性型轻，可观察到有病蜂逐渐从蜂群内爬出箱外，而蜂群内秩序基本正常，但蜂群群势不见增长。

如果拉出病蜂消化道检查，可见中肠失去透明度，环纹不明显，无弹性，呈灰白色，浮肿膨大，后肠有褐绿色粪便和绿色液体，有臭味。

（三）传播途径

患病死亡的中蜂尸体是最主要的传染源，被病蜂污染的巢脾、饲料等也是重要的传染源；此外有学者认为蜜源植物的花器也是潜在的病原存在场所。

（四）环境与发病的关系

中蜂爬蜂病的发病与气候、蜜源等因素有关。如果春季所选择的养蜂场地潮湿，再遇到阴雨连绵的天气，中蜂不能及时出巢排泄，蜂群容易发病；夏季气候闷热，爬蜂病往往也容易发生。春季末期是发病的高峰期，在南方是4—5月，在北方是6—7月。

蜂群中饲料不足，尤其是没有储备花粉时，容易发生爬蜂病。在某些蜜多而粉少的蜜源场地放牧采集时，容易发病。此外，一些花粉营养较差或对中蜂有轻微毒性的植物（如柳树、杨树、榆树等）开花期间也容易发病。

转地饲养的蜂群可能是因为接触病原的机会较多而更容易发病；而定地饲养的蜂群发病一般较轻或很少发病。

蜂群中中蜂个体的健壮与否与能否发病有直接关系。事实上，健康中蜂体内也可能存在螺旋体病、孢子虫病和麻痹病的病原，特别是过去受过爬蜂病感染的蜂群。但能否表现症状，与中蜂的抗病能力密切相关。如果春繁时过分追求繁殖速度而忽略了所培育工蜂的体质，就容易诱发爬蜂病。例如，早春急于扩大产卵圈，而当时蜂群的保温能力及外界的蜜源条件跟不上，这样所培养出来的中蜂体质可能较差，抗病力弱，容易被爬蜂病的病原所感染而发病。

（五）预防措施

①提供清洁水源。根据爬蜂病发生的特点和传播途径，为中蜂设立固定的洁净水源，并时常搞好蜂场周围的环境卫生。

②保证蜂群内有充足的优质饲料。长年保持蜂群内有充足的饲料贮备是蜂群健康的重要保证，不要使用发酵和发霉的蜂蜜、花粉作为蜂群的饲料，也不能用含有甘露蜜的饲料作为蜂群的越冬饲料。

③及时清理蜂尸。患病死亡的蜂尸体内的病原体仍然可以存活很长时间，是中蜂重复感染的主要传染源。因此，对于蜂尸必须及时清

理，并埋入土中或集中烧毁。

④选育抗病品种。选择抗病力强的无病蜂群作为育王群，保证蜂王产卵旺盛，增强群势，提高抗病力。

⑤蜂场、蜂具、蜂箱消毒。要及时对巢脾、蜂箱及用具进行严格消毒。

⑥选好场址。蜂群应放置在背风向阳干燥，小气候稳定，前面开阔之地，方便中蜂的排泄。

⑦搞好蜂场卫生。注意清除污物污水，保持地面排水的通畅。

（六）药物治疗

①主要由麻痹病毒引起的爬蜂病。由于爬蜂病的病原往往不止1种，故应根据病蜂的症状来诊断引起发病的主要病原，再对症下药，才能取得较好的疗效。如果病蜂的表现疑似麻痹病的主要症状，即大肚型和黑蜂型，可选用一些日常生活中治疗感冒的常见食品，如大蒜、食醋、生姜等，捣烂浸泡榨汁后兑入糖浆中喂蜂，或选用中草药中清热解毒的配方，熬成汤汁兑入饲料中饲喂，效果较好。也可参照治疗中蜂麻痹病的用药方法治疗。由于抗生素类药物对病毒无效，所以不要使用青霉素、四环素、磺胺类等药物治疗。

②主要由孢子虫引起的爬蜂病。如果病蜂的症状更像是孢子虫引起的，表现为委靡不振，两翅散开，体色暗淡，头尾发黑，个体变小等，轻轻拉出病蜂消化道仔细观察，可发现中肠膨大，呈乳白色，无弹性，环纹不清。可为病群添加酸性饲料，增加中蜂肠道的酸度而抑制孢子虫的发生，效果较好。方法是在每千克糖浆中加入 3mL 食醋或 1g 柠檬酸等，每框蜂喂 25mL 糖浆，2～3d 喂 1 次，连喂 4～5 次。亦可参照治疗孢子虫病的用药方法治疗。

③主要由中蜂螺旋体引起的爬蜂病。主要因中蜂螺旋体感染的爬蜂病症状为行动迟缓，中蜂想飞却飞不起来，蹦跳着爬行，爬到蜂场周围低洼处聚集，最后抽搐而死。死蜂大多吻吐出，翅膀展开，与农药中毒相似。拉出的中蜂中肠苍白肿胀，后肠膨大呈球囊状，肠内堆积未消化物质，有一股刺鼻的臭味。对此可选用一些抗生素类药物（如氯霉素、金霉素、四环素等药物）来治疗，其用药剂量及用药方

法可参照治疗欧洲幼虫腐臭病或美洲幼虫腐臭病的剂量及方法。

④"爬蜂净"。如果对病原无从判别或拿捏不准，可使用"爬蜂净"治疗，该药对各种病原引发的爬蜂病都有较好的疗效。其方法是取药物一包混配于 1kg 糖浆中喷脾喂蜂，可喂 30～50 脾蜂，3d 1 次，4 次为 1 个疗程。

⑤"抗爬蜂一号""蜂百克""治爬灵"。近年来我国相继研发了一些治疗爬蜂病的药物，如"抗爬蜂一号""蜂百克""治爬灵"等药物，可在蜂具专营门市购买后，按使用说明防治。

⑥红霉素、甲硝唑、氟哌酸各 1 粒，磨成粉状拌花粉，喂 20 框蜂，花粉量以 2d 内食完为准。2d 喂 1 次，连喂 3 次。

⑦黄连、黄柏、黄芩、虎杖各 10g，连煎 3 次，将所煎药液混合过滤后喷喂，每脾喷药液 30mL，隔 3d 喷 1 次，连续 3 次为 1 个疗程。

⑧大黄 10g，用开水连续浸泡 3 次，每次浸泡 2～3h，3 次药液经混合过滤后喷喂，每脾喷 30mL 左右，隔 2d 喷 1 次，3 次为 1 个疗程。

九、蜂螨病

蜂螨病是由寄生性螨类（主要是大蜂螨及小蜂螨）寄生于中蜂成年蜂、幼虫及蛹体上而造成中蜂身体伤害的传染性疾病。20 世纪 50 年代在中国华南首先暴发，随后蔓延至全国，现已成为我国中蜂最常见、危害最重的寄生性螨类疾病，每年其严重危害中蜂业的事件均能见诸于报道。成年中蜂由于蜂螨的寄生，寿命缩短，采集力下降；蛹体被螨害寄生后，至羽化出房为幼蜂时，往往残缺不全，蜂群群势迅速削弱。当蜂螨严重时，可造成蜂群封盖子内的老熟幼虫及蛹的大量死亡，蜂群全群覆灭。

（一）病原

寄生于中蜂体外的寄生性螨类有多种，其中分布最广且危害最烈的当属大蜂螨和小蜂螨。它们均属节肢动物门，螯肢动物亚门，蛛形纲，蜱螨目，厉螨科。大、小蜂螨完全靠寄生于中蜂身体上吸食中蜂的血淋巴为生，并趁蜂房未封盖前钻入其内产卵繁殖。

潜入幼虫巢房的蜂螨均为雌螨，并在封盖房内只繁殖一代，没有世代重叠现象。雌螨进入幼虫巢房后，以取食该巢房内幼虫及该幼虫化蛹后的蜂蛹的血液为生，并待卵子发育成熟后产卵。

大蜂螨雌螨在进入巢房 60～64h 后，产卵于巢房壁和巢房底部。1 只雌螨能产 1～7 个卵，多数产 2～5 个。产 1 个卵时，多数情况下发育为雌螨；若产两个以上的卵时，则必有 1 个发育为雄螨，雌螨与雄螨之间的性比例为 1.42∶1。产下的卵约经过 1d 即孵化，再经过 3d 左右的前若虫期和 4d 左右的后若虫期，可发育成性成熟的成螨，雌雄成螨在性成熟后即在巢房内完成交配。雄螨与雌螨交配后虽不会立即死亡，但大部分雄螨会在幼蜂羽化出房后死亡，而雌螨则附着于幼蜂身上并随其一同出房，继续于成年蜂身体上营一段时间的寄生生活，待获得足够的营养以产生卵黄时，将潜入幼虫房中为害并完成产卵繁殖。雌成螨的寿命为 45d 左右，但在越冬期的寿命可长达 3 个月以上。

而小蜂螨的雌成螨一般不在成年中蜂体上取食，而是在幼虫房中取食幼虫的淋巴液，并趁幼虫未封盖前潜入蜂房中产卵繁殖。新产下的卵仅需要 15min 左右即可孵化成为前期若螨，再经过 2～2.5d 的前若虫期及 2d 左右的后若虫期即可发育成为成螨。雌雄成螨在封盖房中交配后，雄螨不久即死去，而雌螨则会待幼蜂出房时，爬到其他蜂房中去取食新的幼虫的血液，并在蜂房中产卵繁殖。如果幼虫因蜂螨的寄生而死亡，小蜂螨会从封盖房封盖上的小孔中钻出，重新选择新的幼虫房潜入为害，并在其中完成产卵。

（二）发病机制及其症状

寄生螨用口针扎破寄主的体壁以取食中蜂的血淋巴液，一方面致使寄主体内的营养物质大量丧失，中蜂的各种器官和组织因营养不良而生理功能障碍，中蜂的体力和寿命降低；另一方面，中蜂被蜂螨扎破的体壁伤口不仅可能使其体内的水分丧失得过快，血淋巴液的酸碱平衡被破坏而影响正常的各种生命代谢功能，而且体壁伤口还可能成为其他致病性微生物侵入的主要突破点，并由此而导致中蜂的免疫力下降，更容易诱发各种疾病。当蜂螨危害严重时，被蜂螨寄生的中蜂比例非常高，蜂群内几乎没有幸免者，蜂群在很短的时间内就可能完全垮群。

被蜂螨寄生的蜂群，可在巢门前发现许多翅、足残缺的幼蜂无助地缓慢爬行，有时能看到死蜂蛹被工蜂拖出。打开蜂箱查看，往往能发现在巢脾上出现死亡变黑的幼虫和蜂蛹，并在蛹体上见到附着的蜂螨个体。如果用镊子挑开封盖巢房尤其是雄蜂封盖房，能看到正在为害的蜂螨个体。若随机从巢脾上抓取 50～100 只中蜂，可在其中部分中蜂身体的胸部和腹部节间膜处见到附着寄生的蜂螨个体。

（三）传播途径

蜂螨在蜂群内的传播主要是由于蜂群中中蜂个体间的频繁接触很普遍，蜂螨由此而得以从一只中蜂身体上转移至其他中蜂身体上。而子圈中的大量高密度的幼虫不仅为蜂螨提供了丰富的食物来源，也使蜂螨的转房寄生变得相当容易。至于蜂螨在蜂群间的传播，则主要是由于人为地调换巢脾而得以从病群进入健康群的。此外，迷巢蜂、盗蜂也是重要的传播方式。

（四）环境与发病的关系

蜂螨的消长与蜂群群势、气温、蜜源及蜂王产卵时间均有较密切的关系。一般来说大蜂螨自春季蜂王开始产卵而蜂群内有封盖子脾时就开始繁殖；当蜂王产卵力旺盛，蜂群进入繁殖盛期时，蜂螨的寄生率保持在相对稳定的状态。这是因为此时尽管蜂螨的数量增加了不少，但蜂群内中蜂数量往往达到了高峰，众多的寄主数量使蜂螨的寄生率显得不高并能维持在一个相对稳定的水平；到了秋季外界气温降低，蜜源开始缺乏，蜂群群势下降时，寄主的数量大大减少而蜂螨仍继续繁殖，并集中在少量的封盖子脾和蜂体上，使蜂螨的寄生率急剧上升；到秋末或初冬蜂王停止产卵，蜂群内无子脾时，蜂螨也被迫停止繁殖，并以成螨形态在成蜂体上越冬。因此，大蜂螨一年四季在蜂群中都可见到。

小蜂螨的消长规律与大蜂螨不尽相同。一般春繁开始后，由于小蜂螨的繁殖起始时间要晚于大蜂螨，因而此时蜂群中还暂时难以见到其踪迹；待蜂群繁殖进入盛期时，大量的寄主为小蜂螨提供了丰富的食物，加之小蜂螨的发育历期较短，使得其在蜂群中的数量能在短期内大幅度地上升。其寄生率也上升得很快，并在秋季前后达到最高峰。当外界气温降至10℃以下时，小蜂螨的寄生率降至几乎为零。

在不同的蜂种间，对大、小蜂螨的敏感性明显不同。东方中蜂（如中蜂）对蜂螨的抵抗力较强，一般不需要进行防治；而西方中蜂（如意蜂）则对蜂螨比较敏感，如果不防治，蜂群往往会垮群。

（五）预防措施

①杜绝病原。养蜂员要注意规范操作，在没有确定全场无螨时，不要在蜂群间随意调换巢脾；平时要注意扑杀侵入蜂场的胡蜂，因为胡蜂也是蜂螨的寄主之一，会将蜂螨带入健康蜂群；在缺蜜季节要注意防止发生盗蜂。

②培育抗病品种。可通过多年的人工选择育王，培育对蜂螨抗性较强的蜂王，淘汰抗性弱的蜂王。

③集中诱杀。利用大蜂螨喜欢雄蜂房的特性，用雄蜂巢础培育雄蜂幼虫，待雄蜂房封盖后，抽出雄蜂封盖子脾集中消灭。此外，经常割除雄蜂巢房，并清除雄蜂幼虫，也可以降低蜂螨的寄生率。

（六）药物防治

在防治蜂螨时，选择正确的时机用药是关键。由于躲在封盖房内的蜂螨难以接触到药剂，故在蜂群内没有封盖子时治螨效果是比较理想的。可在蜂群的断子期间内用药，这样蜂螨将无处藏身，被药物杀灭的可能性自然就较大。如早春开始春繁前，或晚秋蜂王停止产卵准备越冬前，正是防治蜂螨的有利时机。如果蜂群一时不会断子而蜂螨危害猖獗时，可将蜂群中的封盖子脾提出放在一个临时的蜂箱内，先治疗数次没有封盖子的原群的蜂螨病；待临时群中所有封盖子全部出房后，再治疗数次分出群内的蜂螨病；最后将临时群的巢脾并入原群。这种分步用药的方法尽管比较麻烦，但防治效果显然更好。

防治蜂螨的药物有很多种，常见的有如下几种。

①敌螨一号。每瓶（0.5mL）兑水400mL，于傍晚均匀喷于蜂体上，每周用药1次，连续2次。

②"螨扑"。用图钉将药片固定于蜂群内第2个蜂路间，强群2片，弱群1片。

③鱼藤精。先在箱底铺上报纸，再于傍晚用配好的药喷施，最后于第2d早上抽出箱底的报纸，将报纸上落下的蜂螨收集起来烧掉。药液的配制方法为，2.5%鱼藤精水剂兑入200～400倍肥皂水（0.3%浓度，即1kg水中加入3g肥皂），拌匀后逐脾喷雾，每千克兑制好的药水喷50框蜂。隔1d喷1次，连喷4～6次，直到不见螨落下为止。

④升华硫。每群每次用药2～3g，5～6d1次，连续4次为1个疗程。用药时将药粉用纱布包好，轻轻抖动药包，将药粉均匀地撒在蜂路间和框梁上，或抖落中蜂后均匀地涂抹在封盖子脾的封盖面上。

第四节　中蜂天敌的防治

一、蜡螟的防治

（一）种类和形态

1. 种类

蜡螟属鳞翅目昆虫，在我国危害中蜂的主要是大蜡螟，小蜡螟潜伏箱底生活，为蜂群的卫生害虫。

2. 形态

蜡螟为全变态昆虫，有卵、幼虫、蛹和成虫4个发育阶段。

（1）大蜡螟　老熟幼虫长18～23mm，体色有浅黄色或灰褐色（图12-3）。成虫雌蛾体长18～20mm，翅展30～35mm。头及胸背面褐黄色，前翅略呈正方形，翅灰白色不匀，翅周有长毛。雄蛾体小，前翅端部有一呈"Y"形的凹陷。

（2）小蜡螟　幼虫体黄白色，成熟幼虫体长12～16mm。成虫雌蛾体长10～13mm，翅展21～25mm，除头顶部橙黄色外，全身紫灰色，翅紫灰色，周缘有长毛。雄蛾体较小，其前翅基部靠前缘处有一长3mm左右的菱形翅痣。

（二）发生规律

1. 越冬

在河南省，无论是大蜡螟还是小蜡螟，在蜂群中的巢脾上都以幼虫和卵两个虫态越冬，而且在 12 ～ 38℃均能生长发育良好。

2. 活动

蜡螟成虫昼伏夜出，雌蛾常在 1mm 以下的缝隙或箱底的蜡屑中产卵。

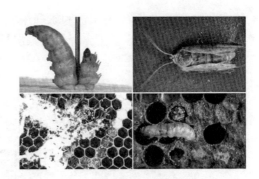

图 12-3　大蜡螟
上左：幼虫　上右：成虫　下左：危害巢脾
下右：危害子脾

3. 世代

蜡螟一年发生 3 ～ 5 代，蜡螟完成一个世代须 2 个月或更长时间。在纯蜂蜡制品上，则不能完成生活史。

4. 危害

以幼虫危害蜂群和巢脾，钻蛀隧道，取食蜂巢内除蜂蜜以外的所有蜂产品，嗜好黑色巢脾。其结果是造成成行的"白头蛹"，或使被害的巢脾失去使用价值。

（三）防治方法

①预防为主。造新脾，换老脾，年年更新繁殖巢脾，旧脾及时化蜡。另外，蜂箱要严密，不留缝隙。

②加强管理。饲养强群，保持蜂多于脾、蜂不露脾。蜂箱前低后高，讲究卫生，勤扫箱底。置换出来的巢脾和割蜜产生的残渣及时榨蜡。

另外，在蜂箱上沿框槽处安装巢虫阻隔器，亦有较好效果。

二、胡蜂的防治

（一）种类和形态

1. 种类

胡蜂属膜翅目昆虫，危害中蜂的主要是胡蜂属的种类，群居，繁殖季节由蜂王（多个）、工蜂和雄蜂组成，筑巢于树干或窑洞中。蜂巢外被虎斑纹的外壳包裹，蜂巢内数层巢脾，巢脾单面，房口向下，巢房六角形，房底较平。

2. 形态

胡蜂为全变态昆虫，有卵、幼虫、蛹和成虫 4 个发育阶段。成虫体色鲜艳，胸与腹有相连的丝状细腰（图 12-4）。

图 12-4　胡蜂巢穴和胡蜂

（二）发生规律

1. 越冬

当年最后一代雌蜂（王）交配后抛弃巢穴，寻找温暖的屋檐下、墙缝内和树洞中等处聚积越冬。

2. 活动

翌年春天，蜂王独自营巢、产卵、捕食和哺育，工蜂羽化后，则由其承担除产卵以外的所有工作。雄蜂是由蜂王产的未受精卵发育而来的，在交配季节，其数量与雌蜂数量相当，雄蜂与雌蜂交配后不久死亡。工蜂和雄蜂在越冬期间消失。

3. 世代

因种类及气候的差异，各地的胡蜂世代数不同，一般 4 ～ 6 代。

4. 危害

胡蜂是杂食性昆虫，在夏秋季节捕食中蜂。

（三）防治方法

①管理好巢门。降低巢门高度至 7mm 以下、增加巢门宽度，阻止胡蜂进巢。

②人工扑打。当发现有胡蜂危害时，可用薄板扑杀。

③药物防除。将 1g "毁巢灵"药粉装入带盖的广口瓶内，用捕虫网逮住胡蜂后，将其装进瓶中，任其振翅敷药粉于身上，几秒后放飞，带药归巢，则起到毒杀其他个体的作用。

已知胡蜂巢穴时，可在夜间用蘸有敌敌畏等农药的布条或棉花塞入巢穴，杀死胡蜂。

三、蚂蚁的防治

（一）种类和形态

1. 种类

蚂蚁属膜翅目的社会性昆虫，在我国为害中蜂的有大黑蚁和棕色黄家蚁。

2. 形态

蚂蚁一生经历卵、幼虫、蛹和成虫 4 个阶段。成虫有些种有翅，有的无，体色多呈黄色、褐色、黑色或橘红色，分雌蚁、雄蚁、工蚁和兵蚁 4 种，胸腹间有明显的细腰节，雌蚁和雄蚁有翅两对。

（二）发生规律

蚂蚁常在地下洞穴、石缝等地方营巢，食性杂，有贮食习性。喜食带甜味或腥味的食物。有翅的雌、雄蚁在夏季飞出交配，交配后雄蚁死亡，雌蚁脱翅，寻找营巢场所，产卵育蚁。一个蚁群工蚁可达十几万只。

蚂蚁个体小，数量多，捕食能力强。它们在蜂巢内外寻找食物，啃噬蜂箱，有的还在蜂箱内或副盖上建造蚁穴永久居住。

（三）防治方法

蜂箱不放在枯草上，清除蜂场周围的烂木和杂草。

将蜂箱置于木桩上，在木桩周围涂上凡士林、沥青等黏性物，可防止蚂蚁上蜂箱。若将蜂箱置于箱架上，把箱架的四脚立于盛水的

容器中，可阻止蚂蚁上箱（图
12–5）。

图 12–5　预防蚂蚁和蟾蜍危害

四、蟾蜍的防治

（一）种类和形态

1. 种类

蟾蜍俗称癞蛤蟆，属两栖纲蟾蜍科动物，是中蜂夏季的主要敌害之一，主要有中华大蟾蜍、黑眶蟾蜍、华西大蟾蜍和花背蟾蜍等。另外，还有一些青蛙也为害中蜂。

2. 形态

蟾蜍体色一般呈黄棕色或浅绿色，间有花斑，形态丑陋。身体宽短，皮肤粗糙，被有大小不等的疣，眼后有隆起的耳腺，能分泌毒液。腹面乳白色或乳黄色。四肢几乎等长，趾间有蹼，擅长跳跃行动。

（二）发生规律

蟾蜍多在陆地较干旱的地区生活，白天隐藏于石下、草丛和箱底下，黄昏时爬出觅食，捕食包括中蜂在内的各种昆虫和蠕虫。在天热的夜晚，蟾蜍会待在巢门口捕食中蜂，一个晚上能吃掉100只以上的中蜂。

（三）防治方法

铲除蜂场周围的杂草，垫高蜂箱，使蟾蜍无法接近巢门捕捉中蜂。黄昏或傍晚到箱前查看，尤其是阴雨天气，用捕虫网逮住蟾蜍，放生野外。

五、蜘蛛的防治

（一）形态与习性

1. 形态

蜘蛛有4对长足，一个大而圆的腹部，体色有土黄色、黄色带条纹、褐色等。腹部末尾有纺绩器，分成6个小突器，可排出胶状物质织网。

2. 习性

蜘蛛性情凶猛，多数栖息在农田、果园、森林和庭院，直接攻击猎物，或以结网捕食昆虫为生。

（二）分布与危害

蜘蛛分布广泛。一方面，它潜伏花上守株待兔，等中蜂落下，便猛攻（以其喷射出的毒液使中蜂立即麻痹）捕食（图12-6）。另一方面，蜘蛛还结网捕获中蜂，从而获得食物，尤其是荆条花期，老荆条多的地方，蛛网密布，这也是蜂群在荆条花期群势下降或不能提高的主要原因之一。

图 12-6　蜘蛛捕食中蜂

（三）防治方法

在蜂场附近发现蛛网，及时清除。在嫩荆条多老荆条少的地方放蜂。

六、胡蜂的防治

（一）危害

胡蜂可在野外或蜂巢前袭击和捕食中蜂，甚至还可进入蜂箱，为害中蜂的幼虫和蛹。蜂群不仅损失采集蜂，还可能举群逃亡。

（二）防除方法

1. 防范

春季至夏秋两季，蜂箱不要有敞开部分，巢门开口尽量小（以圆洞为好），或者在蜂巢门上安金属隔王板或金属片，不让胡蜂攻入蜂箱内（图12-7）。

图 12-7　蜂箱防范法

2. 人工拍打

通过人工用木片或竹片，在蜂群巢门口扑打在蜂箱前捕食中蜂的胡蜂（图 12-8）。

3. 巢穴毒杀

对于树上的胡蜂巢穴，可在自制的小型铁箭上绑上棉花，再蘸上"敌敌畏"等剧毒农药后，用长杆将"毒箭"轻轻插入蜂巢内，毒药在蜂窝内

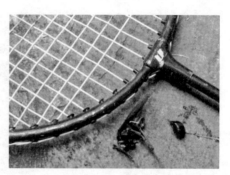

图 12-8　人工拍打胡蜂

快速扩散，整笼胡蜂就会全部毒死；对地下筑巢的胡蜂巢穴，在夜间可用棉花蘸敌敌畏塞入巢穴，可以毁掉整群胡蜂。

4. 诱杀法

在瓶内装入 1/4 蜜醋（稀食醋调入蜂蜜）放在蜂箱上面；或者用 1% 硫酸亚铊、砷化铅或有机磷农药拌入水、滑石粉和剁碎的肉团（1:1:2），挂在蜂场附近诱杀前来取食的胡蜂（图 12-9）。

5. 人工敷药法

在蜂场用网捕捉胡蜂，然后把"毁巢灵"涂在胡蜂背部，放胡蜂归巢，利用胡蜂驱逐异类的生物学特性达到毁灭全巢的目的。该方法可达到 15d 左右无胡蜂为害的效果（图 12-10）。

图 12-9　诱杀胡蜂

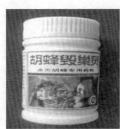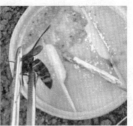

图12-10　人工敷药法

第五节　中蜂蜂群农药中毒的防治

中蜂农药中毒主要是在采集果树和蔬菜等人工种植植物的花蜜、花粉时发生的，如我国南方的柑橘、荔枝、龙眼，北方的枣树、油菜等。由于除草剂和杀虫剂的施用，每年都造成大量中蜂死亡的严重后果。中蜂农药中毒是当前养蜂生产上存在的一个严重问题，越是农业发达的地方，中蜂农药中毒的问题越加突出。

一、症状

中蜂中毒后，常常表现为全场蜂群突然出现大量死蜂，蜂群越强，死蜂越多。死蜂多为采集蜂，不少采集蜂死于蜂场附近和蜂箱周围，有的死蜂后足还带有花粉团。中毒蜂在地上翻滚、打转、痉挛、爬行，身子不停颤抖，最后麻痹死亡。死蜂腹部内弯，翅膀张开呈"K"字形，吻伸出。中蜂采集秩序混乱、漫天飞舞、追蜇人畜（图12-11）。

开箱检查，箱底有大量死蜂，箱内中蜂性情暴躁、爱蜇人，提脾检查，见大量中蜂无力附脾而掉落箱底，巢房内的大幼虫从巢房"跳

图12-11　中蜂中毒箱外情况

子"脱出而挂于巢房口，有的幼虫落在箱底。严重时，蜂场在 1 ~ 2d 全场覆灭（图 12-12）。

中毒严重的蜂群，有的全群离开巢脾，爬出巢外在巢门口附近或箱底聚集成团。农药分有机磷农药和有机氯农药。有机磷农药中毒的症状是：中蜂身体湿润，精神萎靡不振，腹部膨大，呕吐，不能定向行动，围绕打转，双翅相连张开竖起，烦躁不安，大部分中毒蜂死于箱内。有机氯农药中毒的症状是：行动反常，震颤，中蜂尾部拖地，好像麻痹一样拖着后腿，双翅相连张开竖起，中毒中蜂异常激怒，爱蜇人，部分中蜂死于箱外或回归途中（图 12-13）。

图 12-12　中蜂中毒开箱检查情况　　　图 12-13　中蜂严重中毒情况

二、预防措施

①了解施药的时期，避免在农作物、果树等施用农药时放蜂。

②使用低毒农药，并在药液中加入适量的石炭酸、硫酸烟碱、煤焦油等驱避剂，避免中蜂采集。

③若施用农药的毒性强且长效期超过 48h，应在施药的前 1d 将蜂群搬离施药地点 3km 外的地方，待药液毒性残留期过后再搬回。若农药的药效期短或一时无法搬离，可采取蜂群幽闭的方法。幽闭期做好蜂群的喂水、通风降温工作，保持蜂群处于黑暗、安静的环境中。

三、中毒解救措施

中蜂农药中毒尚无有效的治疗方法，可于发生时尽快撤离施药区，同时清除巢脾内的有毒饲料，将被农药污染的巢脾放入2%苏打水中浸泡12h，脾上的饲料即可软化流出，用清水冲洗干净，晾干后再用，同时饲喂1:1.5的稀薄糖浆并加药物解毒。

有机磷农药中毒：按每群蜂用阿托品2～3片或针剂1支，温开水溶解，拌入0.2kg糖浆中，混匀后淋洒在巢脾上或蜂路间，让中蜂采食。

有机氯农药中毒：按每群蜂用20%磺胺噻唑钠注射液3～4mL或片剂1.0～1.5片，融化后拌入0.25kg糖浆中饲喂蜂群。

第六节　中蜂蜂群植物中毒的防治

植物中毒主要是中蜂采集了有毒的蜜粉源植物所产生的生物碱、糖苷、毒蛋白、多肽、胺类、草酸盐和多糖等有毒有害的物质引起的中毒症状。

一、症状

花蜜中毒的多为采集蜂。中毒初期，中蜂兴奋，过后身体失去平衡变得抑制，身体麻痹，行动迟缓，吻吐出，腹部和中肠变化不明显，后期滚爬十分痛苦，最后死亡。

花粉中毒的中蜂多为幼蜂，腹部膨大，中后肠内充满黄色花粉糊团，失去飞翔能力，在箱底或爬出巢门外死亡，严重者还会引起中蜂幼虫中毒死亡，虫体在巢房内呈灰白色腐烂。

二、防止有毒蜜粉源对人和蜂的危害

有毒蜜源虽会给蜂群及人类带来严重的危害，但通过合理的预防措施完全可以避免中毒事件的发生。养蜂人员应高度重视、强加防范，不能存在侥幸心理。

①掌握有毒蜜粉源植物，正确选择场地。熟习掌握蜜粉源植物

及有毒蜜源植物开花泌蜜的规律。通过调查，定地蜂场要选择远离藜芦、雷公藤、羊踯躅、乌头、薄落回等有毒蜜源植物 3km 以上或有毒蜜源少、蜜粉源植物多的场地（图 12-14）。

雷公藤　　　　　　　　　　喜树　　　　　　　薄落回

图 12-14　有毒蜜源植物

②掌握有毒蜜源泌蜜规律。在天气干旱、气温较高时，其他蜜源植物泌蜜会减少，而有毒蜜粉源植物会大量泌蜜，吸引中蜂采集造成蜂或人中毒；如果降水量正常，与有毒蜜源同花期的乌头等蜜源植物会正常泌蜜，中蜂就不会采集有毒蜜源。

③避开花期。根据蜜源植物和有毒植物花期及特点，采取早退场、晚进场、全场转地、临时迁走等办法，能有效防止有毒蜜源的危害。

④人工多种有毒植物花期泌蜜的无毒蜜粉源植物。人工适时种植与有毒植物花期（7—9 月）相同且泌蜜稳定的农作物蜜源（如芝麻、党参等），不但能减轻有毒蜜源的危害，还能促进蜂群的繁殖。

⑤清除蜂场周围的有毒植物。对于定地蜂场，要对有毒蜜粉源植物采取挖除老根、药杀植株、去除花朵等措施，长期下去就能减少有毒蜜粉源。

⑥饲喂解毒药。在仅对中蜂有毒的蜜粉源花期，要及时清脾，并大量饲喂糖水或相应解毒药剂等，以减轻毒害。

⑦有毒蜜粉源花期过后彻底清脾。有毒蜜粉源花期过后，养蜂人员采用舌尖尝巢脾上的蜜，有苦、麻、涩的情况一定要彻底清脾，去除余蜜。清下来的蜂蜜可以存放用于诱野生蜂群、洗面等，不能内服，更不能作为商品出售。

第十三章　蜂产品销售及盈利技巧

做好蜂蜜零售工作是增加收入的一个重要途径。一般说来，蜂蜜的零售价格是收购价格的 2 ～ 4 倍。因此，除了养好蜂采好蜜，在有条件的地方还要做好零售工作。

第一节　蜂蜜的基本知识

一、蜂蜜的概念

蜂蜜是中蜂采集植物的花蜜、分泌物或蜜露，与自身分泌物结合后，经充分酿造而成的天然甜物质。中蜂蜜是由中蜂采集和酿造、再由人工从蜂巢中分离出的，俗称土蜂蜜、山蜂蜜等。

蜂蜜含有 180 多种成分，蜂蜜的主要成分是果糖和葡萄糖，占总量的 65% ～ 80%，所以蜂蜜味道以甜为主；其次是水分，占 16% ～ 25%；蔗糖含量不超过 5%（图 13–1）。另外，蜂蜜中还含有其他糖类、粗蛋白、维生素、矿物质、酸类、酶类、色素和芳香物质等。每 100g 蜂蜜中含乙酰胆碱 1.2 ～ 1.5mg、胆碱 36 ～ 45mg 和过氧化氢等抑菌素 10 ～ 40mg。

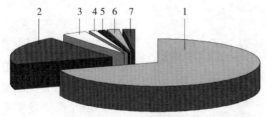

图 13–1　蜂蜜的成分
1. 果糖和葡萄糖；2. 水分；3. 蔗糖；4. 蛋白质和氨基酸；5. 糊精；6. 其他糖类；
7. 维生素、矿物质、酸类、酶类和黄酮类化合物等

根据花蜜的来源，蜂蜜可分为单花种蜂蜜、杂花蜜（又称为百花蜜）和甘露（蜂）蜜。中蜂蜜多属杂花蜜，香气复杂，没有固定的颜色，随着贮藏时间的延长都会结晶。

二、蜂蜜的性质

（一）蜂蜜的颜色

蜂蜜的色泽从水白色到深琥珀色，单花种蜂蜜有其固有的颜色，百花蜜没有固定的颜色，随着采集的主要蜜源而变化。

（二）蜂蜜的香甜味

味道以甜为主，其甜度约是蔗糖的 1.25 倍，从甘甜可口、辣喉到浓甜而腻；香气从淡淡的清香到浓厚的芳香。如刺槐蜜水白色，酷似槐花香气，味甜而不腻（图 13-2）。

随着贮藏时间的延长，或经过加热，或发酵变质的蜂蜜颜色变深，会带有怪味，被铁污染的蜂蜜冲水后铁锈味明显。

（三）蜂蜜的发酵

蜂蜜中含有耐糖酵母菌，在浓度、温度适宜的情况下，这些菌类就生长繁殖，产生酒精和二氧化碳气体，在有氧的情况下，酒精分解成醋酸和水，这就是蜂蜜的发酵酸败（图 13-3）。

在蜂蜜发酵后，蜜汁苍白且混浊，失去固有的滋味，并带有酒味和酸味，蜜汁变得更加稀薄，同时出现大量泡沫。产生的气体将瓶盖胀臌，稍拧松瓶盖便能听到"噗"或"砰"的放气声。摇动蜜瓶，发酵的蜂蜜像啤酒一样从瓶中溢出来。

防止蜂蜜发酵的方法有：将其中的水分抽出一部分，提高浓度（渗透压），使酵母菌不能繁

图 13-2　洋槐蜂蜜（水白色，清澈透明，不结晶，气息清香，甘甜可口）

殖；将蜂蜜加热杀灭酵母菌；将苯甲酸钠（0.2%）加入蜂蜜中抵制酵母菌的生长。这些方法都将破坏蜂蜜的成分和安全，品质下降，影响食用，且不符合蜂蜜的概念。

（四）蜂蜜的黏度

又称为黏滞性、抗流动性。决定蜂蜜黏度大小的主要因素是水分含量，水分含量越低，其黏度越大，流动速度就越慢，反之流动速度就越快（图 13-4）。此外，蜂蜜的黏度与温度成负相关，即温度高时，黏度降低，温度低时，黏度增加。蜂蜜在结晶状态下黏度大，不流动。有些蜂蜜在剧烈搅动和振动下，会降低黏度，但静止后蜂蜜的黏度又可恢复正常。

图 13-3　蜂蜜发酵——混浊、起泡　　图 13-4　蜂蜜的黏度（下流成线、堆成折的蜂蜜黏度大、浓度高）

（五）蜂蜜的密度

蜂蜜的相对密度与含水量及蜜温呈负相关，蜜温为 20℃时，含水量 17% ～ 23% 的蜂蜜，其相对密度为 1.423 ～ 1.38、波美度为 43 ～ 40。贮藏于同一容器的蜂蜜，密度大的位于下层。

（六）蜂蜜的吸水与失水特性

蜂蜜既不吸水，也不失水的环境湿度称为蜂蜜的相对湿度平衡点。同一个蜂蜜样本，如果暴露在相对湿度较低的空气中就容易失水，反之越容易吸水。蜂蜜失水，蜜液上层会形成一薄层"蜜膜"，阻止下层水分散失；吸水时，上层蜜液变稀引起发酵。

（七）结晶

新鲜成熟的蜂蜜是黏稠透明或半透明的胶状液体，是果糖和葡萄糖的过饱和溶液，一般在较低温度下放置一段时间后，凝结成固体，这就是蜂蜜的自然结晶（图13-5）。蜂蜜结晶的实质是葡萄糖长大聚集的结果，是一个物理现象，蜂蜜结晶以后，从液态变成固态，颜色变浅，但其含水量、成分均未改变，在较高温度下又变为原来的液态。中蜂蜜都会结晶。

图13-5　油菜蜂蜜（易结晶，结晶乳白色、细腻，甜润，有青菜气息）

1. 影响因素

蜂蜜结晶与结晶快慢、状态与蜜源花种、结晶核（葡萄糖微结晶粒、花粉粒等）含量、含水量、贮藏条件及贮藏时间等有关。蜂蜜中结晶核多，含水量低，并与空气接触的机会多，则蜂蜜结晶速度快。贮藏温度为 13～14℃时，蜂蜜结晶的速度最快，超过40℃时，结晶的蜂蜜将逐渐熔化成液态。精细过滤可延缓结晶。刺槐蜜、枣花蜜、党参蜜等少数蜜源花种的蜂蜜不结晶，但大多数蜂蜜都有结晶特性，特别是油菜蜜、野坝子蜜等更易结晶。

2. 结晶粗细

蜂蜜中葡萄糖含量高，结晶速度快，则结晶呈油脂状，如紫苜蓿蜜、油菜蜜；结晶速度较慢，则形成细粒结晶，如荆条蜜；结晶速度慢，则形成粗粒或块状结晶，如芝麻蜜为粗粒结晶，野坝子蜜结晶呈固体硬块状。

3. 分层结晶

在一般情况下，成熟度高的蜂蜜，若结晶速度快或较快，则形成整体结晶；而含水量高的蜂蜜或结晶速度慢的蜂蜜，则易形成分层结晶。分层结晶的蜂蜜，由于结晶部分仅含水 9.1% 左右，液态部分含水量相应升高，更易引起蜂蜜发酵。如果蜂蜜在结晶过程中伴随着发酵，或瓶装结晶蜂蜜在保存期间发酵，其产生的二氧化碳气体，常将结晶部分的蜂蜜（由发酵造成结晶部分形成多孔蜂蜜）顶向上方。若该蜂蜜在较低温度下，又开始结晶，则会出现上部和底层结晶，而中间是液态的分层结晶现象。分层结晶，影响蜂蜜的美观，还易造成蜂蜜发酵变质，在生产实践中应避免。

（八）蜂蜜的"生"和"熟"

在养蜂生产中，根据蜂蜜的成分、耐贮藏性、同种蜂蜜风味的差距，将其划分为成熟蜂蜜和未成熟蜂蜜，它类似水果、作物等收获时一般意义上的"生"和"熟"。

成熟蜂蜜是指经过中蜂充分酿造后生产出来的"熟"蜂蜜，含水量低、蔗糖转化率高，营养价值高，气味纯正，甘甜可口，观感好，保质期长。一般浓度在 40.5 波美度以上的蜂蜜，在河南省常温下可保存 18 个月不变质，可视为成熟蜂蜜。

不成熟蜂蜜则是指没有经过中蜂充分酿造就生产出来的"生"蜂蜜（早产），存在着含水量高、蔗糖转化率低、营养价值差、风味淡薄、易发酵变质、不宜保存等先天不足的品质缺陷。这种蜂蜜需要经过加热、浓缩，杀灭酵母菌和降低含水量，以保持其在一定的时间内不因发酵而无法食用。但是，对蜂蜜而言，除简单的过滤，其他任何加工处理都会影响其品质，如部分营养成分遭到破坏、色香味变得更差等。近两年来，一些人还添加防腐剂阻止蜂蜜发酵。

在蜂蜜应用中，不经过炼制的都是"生"蜜，性凉，用于清热祛火和保健等；经过炼制的都是"熟"蜜，性温，用于感冒咳嗽的治疗。

三、蜂蜜的检验

（一）感官检验

通过看、闻、尝和摸的方法和实践经验，根据蜂蜜的色、香、味、形来判定蜂蜜品质优劣和质量好坏，以及掺假与否。例如，通过摇动或倒置蜂蜜瓶，如果流动性好则说明蜂蜜浓度相对较低，反之就表明蜂蜜浓度高（图 13-6）。

图 13-6　蜂蜜的浓度（垒堆的和颠倒蜜瓶形成的气泡缓慢上升的蜂蜜稠厚，质量上乘）

（二）简易试验

1. 杂质检验

将蜜样放入烧杯或其他透明的玻璃杯中，加入 5 ～ 6 倍纯净水搅拌均匀，净置 1d 后进行观察，无沉淀物的蜜质优。

2. 掺假试验

取样本 1 勺于透明塑料瓶中，加水 10 倍，剧烈摇动，泡沫多、消失快、易澄清的为掺假物，掺的越多表现越明显；泡沫丰富细腻、不易消失、不会澄清的是纯蜂蜜。

3. 铁污染的检验

取蜜样 5mL，加入 30mL 的茶水中，当蜂蜜的含铁量低于 15mg/kg 时，其引起茶水变色不甚明显；如果蜂蜜中铁的含量超过 20mg/kg，茶水颜色会变深，甚至成棕褐色，同时铁锈味明显。

四、蜂蜜的保存

蜂蜜从蜂房中被甩出来后，经过过滤，直接灌装到玻璃瓶或塑料瓶中，旋紧瓶盖即可销售。若再外套礼箱，既实惠又高贵。养蜂场或蜂蜜公司贮藏和运输蜂蜜，须使用专用不锈钢桶或塑料桶盛装，养蜂场还可用陶制的大缸加盖密封贮存蜂蜜。蜂蜜装桶完毕后，应旋紧桶盖，并在桶身贴上标签，注明蜜种、波美浓度、产地和生产蜂场等。贮存蜂蜜的仓库要阴凉、干燥、通风，库温保持在 10～20℃，相对湿度不超过 75%。依蜂蜜品种、等级、产地等分别将蜜桶堆垛、码好。以地下室贮藏环境最好。

家庭购买的蜂蜜，既可以在常温下保存，也能在冰箱中保存。虽然蜂蜜号称世界上唯一不坏的食品，但随着贮藏时间的延长，它的颜色在加深，香气变淡，品质在不断地下降。因此，与其他食品一样，蜂蜜越新鲜越好，买回的蜂蜜应尽早食用，否则，应置于冰箱中保存。

五、蜂蜜的用途

伟大诗人郭璞在《中蜂赋》中对蜂蜜的评价为："散似甘露，凝如割肪，冰鲜玉润，髓滑兰香，穷味之美，极甜之长，百药须之以谐和，扁鹊得之而术良，灵娥之御以艳颜。"

百岁名医甄权在《药性论》中阐述了蜂蜜的功效："常服面如花红""神仙方中甚贵此物"。

著名药物学家李时珍在《本草纲目》中记载蜂蜜"入药功效有五：清热也，补中也，解毒也，润燥也，止痛也""蜂蜜生凉热温，不冷不燥。得中和之气，故十二脏腑之病，罔不宜之"。《神农本草经》中记载蜂蜜"味甘、平，主心腹邪气、诸惊痫痉、安五脏诸不足，益气补中、止痛解毒，除众病、和百药，久服强志轻身、不饥不老"。

（一）蜂蜜美容

蜂蜜美容，外用对皮肤有营养保湿、抗菌消炎、防止皲裂作用；内服可以润滑肠胃、养肝解毒、解除便秘、预防失眠，蜂蜜还是抗氧化剂，经常食用可延缓衰老，保持青春，内部气血畅通，皮肤自然健康美丽、神采飞扬。

蜂蜜美容，吃、涂、浴皆宜。

1. 吃的美容方法

温开水 1 杯（200mL），蜂蜜 1 勺（20g），混合口服。或者大枣 5 个，煮烂榨汁，与蜂蜜同用，能够促进肌肉生长、润肤悦颜。或者蜂蜜醋（或食醋）200mL，蜂蜜 100mL，混匀装瓶，每天早晨起床后和晚上睡觉前空腹服用 20mL，或加入 100mL 水中饮用。或者取 5～10g 鲜姜片放入水杯中，用 200～300mL 开水浸泡 5～10min 后，加入 25g 蜂蜜搅匀饮用。

2. 涂的美容方法

蜂蜜适量，加水少许，涂抹按摩面部，10min 后用温湿毛巾擦拭干净，即可起到保湿、防止面部干枯等作用。

3. 浴的美容方法

以蜂蜜为功效成分，制造各种功能性洗浴用品，或直接将蜂蜜用于洗浴，可滋养皮肤，使皮肤保持清洁、舒适和健康。

（二）蜂蜜保健

1. 蜂蜜与大众美食

蜂蜜是植物的精华，所含葡萄糖和果糖可直接被人体吸收利用，并在机体内产生约为 12 560J/kg 的热量，是运动员、登山者、潜水员、素食者等补充体力的食品，对老人、儿童、产妇及病后体弱者尤为适宜。

蜂蜜不仅营养丰富，气味芳香，甘甜适口，老少皆宜，而且不含脂肪，来源广泛，价格低廉。因此，蜂蜜素有"老年人的牛奶"和"大众的美食补品"之称。

在烤鸭、烤肉、蛋糕等的表面涂上蜂蜜，可使其色泽黄嫩、刺激人们的食欲，且不霉不干；把蜂蜜涂在肉上做红烧肉、用蜂蜜做的拔丝山药、蜜渍甲鱼、蜜汁火腿、蜜汁排骨也颇有风味。

2. 蜂蜜与老人

《神农本草经》阐述蜂蜜功效时指出"久服强志轻身、不饥不老"。轻身不老延年是中老年保健追求的目标，中国古代百岁名医甄权、孙思邈均推荐蜂蜜医疗保健。公元前西医学之父希波克拉底和伟大的哲学家、原子理论的创立者德莫克利，经常食用蜂蜜，这可能是其活到 107 岁的重要原因之一。苏联学者对高加索地区长寿人普查结果表明，百岁以上的老人有 80% 以上是从事养蜂或长期食用蜂产品者。

蜂蜜对肝病、肺病等都有辅助治疗作用。对于糖尿病患者，可少量食用，蜂蜜是治疗便秘的传统药物，又具有镇静安抚作用。

3. 蜂蜜与孕妇

妇女在怀孕期间，食用蜂蜜可达到：一预防感冒，少得或不得疾病；二补充营养；三防止火气上身及大便秘结等。怀孕的妇女，应食用清亮一些的蜂蜜，提高自身体质，为胎儿的生长发育创造一个良好的物质和妊娠环境。

牛奶加蜂蜜：每晚睡前喝 1 杯加 1 勺蜂蜜的热牛奶；也可做成乳酪，别有风味。可以消除便秘，缓解甚至消除痛经。机理是牛奶含钾多，蜂蜜乃镁的"富矿"，而钾和镁是月经期生理和心理的调节剂。

4. 蜂蜜与儿童

（1）补充糖类　儿童和婴儿生长旺盛，需要大量的糖类物质来满足生理需求，蜂蜜中含有大量的单糖，易被儿童吸收利用。

（2）保护牙齿　蜂蜜抑制了链球菌变种的生长，能防止产生破坏牙釉质和牙本质的乳酸，以及葡聚糖牙斑的形成，因此食用蜂蜜可保护儿童牙齿。

（3）预防贫血　婴幼儿常因缺铁而造成贫血，洛达克博士用蜂蜜和白糖进行试验，结果表明食用深色蜂蜜能使血红蛋白提高 10.5%，头晕、疲劳等症状明显减轻；吃糖则使血红蛋白下降 60%。

（4）治疗腹泻　蜂蜜对患有中毒性或传染性腹泻的儿童有一定治疗作用。

（5）预防感冒，治疗便秘。

第二节　蜂蜜的质量管理

蜂蜜的质量管理贯穿饲养、生产、贮存、销售等各个环节。

一、蜂蜜的安全性

蜂蜜的安全包括真伪、优劣、生熟、卫生、污染、毒性和禁忌等。

（一）禁忌症

《本草纲目》中记载蜂蜜性甘、生凉熟温。现代医学研究表明，蜂蜜是无毒的，作为保健食品没有规定其食用量。但凡湿热积滞、痰湿内蕴、中满痞胀及肠滑泄泻者，均不宜食用蜂蜜。

糖尿病人可在医生指导下少量食用蜂蜜。

（二）外源物

1. 污染

（1）药物污染　花蜜被喷洒在农田、果树上的农药污染，对蜂群施药（外用药与内服药）防治病虫害等，可直接污染蜂蜜，会造成蜂蜜中的农药和兽药残留。

（2）环境污染　会使某些蜂蜜中含有肉毒杆菌、重金属含量增加。

（3）铁锈污染　蜂蜜属弱酸性，与铁接触会发生反应，从而使铁离子进入蜂蜜中。散发黑水的分蜜机是铁污染蜂蜜的第一个来源，而部分锈得像榔头一样的蜂蜜桶，则是蜂蜜被铁污染的主要原因。

（4）肉毒杆菌　1982年，我国有关部门对进入上海、北京市场的9省28个地区的60份原料和成品蜂蜜进行检测，未发现肉毒杆菌，而在美国有部分蜂蜜被检测出该病原菌。1986年日本阪口立二对进口蜂蜜进行肉毒杆菌检测，来自我国的蜂蜜被检出率为7.1%。

研究发现，肉毒杆菌主要来源于饲料、蜂尸和蜜源（花），成人和大龄儿童食入肉毒杆菌芽孢无害，但能引起1岁以下的婴儿中毒。因此，为安全起见，婴儿和孕妇用蜜，要选择无污染、无异味的蜂蜜。

2. 卫生问题

民以食为天，食以洁为本。蜂蜜的卫生贯穿在饲养管理、生产、工具、包装和贮藏的各个环节，每一个环节都不能出现纰漏。

3. 成熟度

成熟度即指蜂蜜在没有成熟的情况即从蜂巢中分离出来，营养和风味先天不足，还往往伴随着变质，发酵严重的蜂蜜不宜再食用。

蜂蜜的真伪、优劣、生熟、卫生、污染这些方面的安全都与人有关，是完全可以避免的，而且是不难达到的。

4. 有害蜜

（1）有害植物 中蜂采集博落迴、雷公藤、紫金藤、喜树、藜芦、八角枫、黄杜鹃、曼陀罗、乌头、洋地黄、断肠草等植物花蜜酿成的蜂蜜，人食用后会出现口干、舌麻、嗜睡、无力、恶心呕吐、腹泻等中毒症状，严重者死亡。

（2）毒蜜特点 有害蜂蜜多为绿色、深棕色或深琥珀色，有苦、麻、涩等味感，随着贮藏时间的延长，毒性会逐渐降解。

（3）临床表现 有毒蜂蜜中毒的症状随蜜源植物的毒性和摄入量的不同而异。有毒蜂蜜中毒的潜伏期最短的为 25 ～ 40min，较长的为 7d，一般为 1 ～ 3d。中毒初期有恶心、呕吐、腹泻、腹痛等消化系统症状，伴有乏力、头晕、低热、四肢麻木等症状。轻度中毒者表现为口干、口苦、唇舌发麻、食欲减退等症状；中毒较重除有腹泻伴有柏油样便、血便症状外，还可出现肝脏损害症状，但无黄疸；严重的中毒病人会产生肾功能损害，如少尿、血尿、蛋白尿，还有寒战、高热、尿闭、血压下降、休克、昏迷、心律不齐、有典型心肌炎表现，最后可因循环中枢和呼吸中枢麻痹死亡。

（4）救护方法 中毒原因与蜜源植物有关，故于蜂场周围砍去有毒的植物，培植无害蜜源。对夏季上市的蜂蜜加强检验，如发现有毒植物花粉，须经加工过滤检验合格后方可销售，有异味者，如苦味则不宜食用。

早期发现吃蜜中毒者，可用油脂灌胃催吐。洗胃可用淡盐水或 1:5000 高锰酸钾液，导泻可口服硫酸镁或硫酸钠 20mL。治疗原则采用对症和支持疗法，重点保护心脏。可口服"通用解毒剂"（活性炭 2 份、氧化镁 1 份、鞣酸 1 份）20g，混合 1 杯水中饮服，以吸附毒物。心、肝、肾、神经系统等实质性脏器出现器质性病变时，多数愈后不良。

二、生产过程要求

（一）蜂农素质

作为养蜂生产者，需身体健康，每年至少在具备相应资质的医疗机构进行1次健康检查，患病期间停止工作，传染病患者不能从事养蜂生产活动。

养蜂员应具有养蜂生产、安全用药、蜂箱及蜂具消毒与蜂病防治等基本知识，掌握产品生产规范化操作基本技能，熟练填写养蜂日志等各种记录表格，了解蜂产品的质量要求和食品安全生产的法规要求。积极参加合作社、养蜂科研单位的技术培训和主管部门的政策法规培训，注意个人卫生，管理和生产操作过程着工作服装，按照规程生产合格产品。

（二）养蜂环境

养蜂场周围蜜源丰富，无有害蜜源。空气质量应符合《环境空气质量标准》（GB 3095—2012）中环境空气质量功能区二类区要求（图13-7）。地势高燥、通风向阳、排水良好和小气候适宜，有良好的水源，养蜂场周围3km内无以蜜、糖为生产原料的食品厂、化工厂、农药厂及经常喷洒农药的果园。对放蜂场地经常打扫卫生、洒水，保持清洁，并定期对蜂场进行消毒。

（三）做好记录

蜂农应建立养蜂（产品质量）日志，内容包括养蜂生产、中蜂流向、中蜂病敌害防治和用药记录等（表13-1），有些还要记录一些诸如天气、蜜源、管理措施和饲料等情况。

图13-7　环境优良的放蜂场地

表 13-1　养蜂日志

年　　月　　日				蜂农编号（或姓名）:	
天气		放蜂地点		蜜源	
蜂群		王种			
养蜂生产情况（清洁消毒、病敌害等）:					
用（休）药情况	药名		当日用量	累计用量	
	药名		当日用量	累计用量	
	药名		当日用量	累计用量	
蜂病诊断					
治疗效果					
交付产品名称		数（重）量		地点	接收人

养蜂（产品质量）日志，是建立可追溯源系统的基本依据，确保消费产品可追溯到生产源头，从餐桌到生产，是蜂产品质量管理的重要工作。在生产、交付和销售的全过程都要做好记录，如蜂农编号（或姓名）、品种、采收日期、产地、蜜源、净含量、总重、贮存、加工和包装等，并保存这些记录。

（四）质量监督

根据蜂产品质量标准、中蜂产品生产管理规范和国家地理标志产品标准，对上市蜂产品进行检验和评定，主管机关（如国家质量监督检验检疫局）对蜂蜜的理化、卫生指标进行检验，由学者、养蜂专家和行业组织公开评审蜂蜜的色泽、香气及风味，最后给经过评审认定的产品发放优、良、中和差 4 个档次授牌。不符合地理标志产品标准的不得使用国家授予的该地区的产品标识，认定的档次可用于该产品销售的宣传。

三、监控措施

（一）生产工具

所使用的设备及器具无毒无害，且已消毒。与蜂蜜等接触的器具表面，应当是不锈钢、玻璃等耐腐蚀的材料，平时保持清洁，用时清洗消毒，生产用的小蜂具和养蜂工作服等根据需要随时清洁卫生。蜂箱用红松、杉木和桐木等制作，定期清理箱内杂物，每年消毒1次。及时对旧巢脾化蜡，对优质巢脾用磷化铝熏蒸后密闭保存。

（二）蜂病控制

中蜂的病虫敌害，以健康管理、综合防治为主。首先，饲养强群，预防疾病发生，一旦发现患病蜂群，先进行隔离，控制疾病传播；其次准确诊断，确定传染途径以及发病程度和危害情况。

在蜂群发病时，应由技术人员出诊检查后开具处方发放蜂药，蜂农接受指导正确使用。蜂药的购置应由合作社出具购药证明，并指定专人至兽药店或蜂药生产企业统一购置，指定专人保管蜂药，建立蜂药购买和发放台账，实行蜂药验收核销制度。

（三）措施、规程

中蜂饲养管理应按《无公害食品 中蜂饲养管理准则》（NY/T 5139—2002）的规定执行。首先是保持蜂多于脾和饲料优质充足，饲养强群；其次是管理操作规范、卫生，生产量力而行，合理使用防治中蜂病虫害药剂。用于生产蜂蜜的蜂群无病，严格执行休药期；采集的蜜源未施药或已过安全隔离期；操作人员卫生，着工作服。生产操作应在生产车间或室内进行，备有冰箱、空调等设备。

（四）加工过程

蜂产品中大多含有活性物质，蜂蜜在消除结晶时加工温度过高和时间过长，都会使其颜色变深，味道变怪，香气变淡，活性物质丧失，从而影响品质。因此，在蜂生产合格产品时，尽可能减少加工程序，加工条件尽可能温和，以此保持蜂蜜原有品质不变。

（五）包装过程

蜂蜜包装钢桶应符合《蜂蜜包装钢桶》（GH/T 1015—1999）的要求，其他包装的容器及包装过程所接触的器具，都应符合安全卫生、无毒和不被腐蚀的要求，产品包装后应立即密封。

（六）贮存过程

蜂蜜贮存场所应保持干燥、通风、阴凉和无阳光直射，不应与有异味、有毒、有腐蚀性、放射性、挥发性和可能产生污染的物品同库存放，按照规定控制温度、湿度。如大量蜂蜜在地下室常温下贮藏为宜，家庭贮存可置于常温下，放冰箱中更好。

第三节 蜂产品销售

蜂产品销售是蜂农个人及群体经由生产、提供与交换彼此产品，以获得其需求及欲望的过程。实现蜂产品的销售，需要一定的专业技能与知识，礼貌友善，容易沟通，树立视顾客为上帝、顾客是我们的衣食父母的观念，用心为顾客服务，赢得顾客对服务和产品质量的信赖。

一、定价与利润

（一）价格

价格是大众消费者选择产品的主要因素，品质是高端消费最为看重的。价值和所付出的劳动是蜂产品定价的基础，而影响因素主要有产量的丰歉、品质和质量优劣、同行的竞争和地域差别等。

合理的定价非常重要，每一个价格都会影响到利润、销售和市场占有率。

1. 收购价格

是蜂产品从生产领域进入流通领域的最初价格，是制定蜂蜜调拨价格、销售价格的基础，蜂产品的收购价格是在正常年景、合理经营的生产成本上，加上生产者应得的收益，并参考与其相关的商品（糖）的比价及当前市场的供求状况为基础制定的。

2. 零售定价

消费者对所购买商品付出的价格。

（1）同类同价 同一类产品同价，比如刺槐蜂蜜、枣花蜂蜜和荆条蜂蜜同价销售，让消费者根据自己的喜好选择自己满意的品种。

（2）差异定价 同一类产品按品种、品质等定不同的价格，让消费者根据自己的喜好和经济实力选购适合自己的产品，如刺槐蜂蜜、油菜蜂蜜的同量异价销售。

（3）撇脂定价　将最优质量的产品定高价，满足高端消费，并通过优质服务赚取较高的利润。

在蜂产品的销售中，还经常遇到涨价、降价、变相涨价和降价的情况，如促销和打折等。低价销售总有较多的顾客。

一般来说，目前中蜂蜜的价格约为意蜂蜜的 3 倍。

（二）利润

蜂产业由多个环节组成链条，每一个环节都要有合理的利润，只有这样，养蜂业才能顺利发展。

二、渠道与方法

不同的销售渠道，其销售方法不同。

（一）养蜂场销售

1. 交售

养蜂场生产的产品，主要出售给蜂产品经纪人和养蜂合作社，以收购价出售，简单快捷。也有直接出售给蜂业公司和蜂产品专卖店的，这需要有固定的客商。

2. 直销

将产品直接卖给顾客的是中蜂饲养者最常见的销售方法，这时，需要将产品进行适合零售的包装，因此，需要具备容器、包装设备，还须符合卫生规定。另外，坚持不断地努力宣传，稳定老顾客，通过口碑相传招徕新顾客。

养蜂场是最好的招牌，蜂场现场销售是一个不错的方法。

（二）商业渠道

1. 商业网点

养蜂场或养蜂专业合作社向行业协会申请产品标识，将产品包装后，可送往购物中心、量贩店、专卖店、百货公司、超级市场（连锁超市）、宾馆和酒店、便利店、杂货店、集贸市场进行销售。

2. 无店销售

还可以无店铺贩卖，如淘宝、天猫、飞信、微信等网络及电视购物等。

3. 农产品博览会销售

在秋、冬农闲季节，积极参加各地举办的农产品博览会，向顾客推销自己的产品。

4. 旅游销售

将蜂群置于蜜源丰富和交通便利的地方，路过的行人或旅游团体即会找上门来购买产品。通过一定的方法，组织社区的退休及闲暇人员，到蜂场参观，体验养蜂生活，亦可增加销量。

5. 养蜂生态园的销售

如果蜂场发展到一定规模，就可参与蜂产品市场，建立专业中蜂生态园（图 13-8 和图 13-9），将蜂场融入自然生态环境，通过养蜂实践和操作、穿蜂衣表演和合影、影像资料、专家讲座，以及中蜂文化、实物展示和开发新产品，给消费者以安全、可靠的感觉，从而赢得信赖，达到销售产品和服务顾客的目的。

图 13-8　建立生态蜂场　　　　　图 13-9　建立艺术蜂场

6. 蜂产品会员制销售

蜂产品是养生保健食品，顾客有长期食用的习惯，对有潜力的顾客，可采取会员制的方法，使之成为稳定、忠实的顾客。要求为会员及时提供优质的新上市产品，并给予一定的优惠待遇，定期对会员进行回访，赠送蜂产品使用技术资料，介绍蜂产品使人长寿健康的道理。在适当时候，邀请会员亲临蜂场感受中蜂的乐趣。

7. 会议营销

组织消费者在某一时间在某个地方集中，请专家讲授有关蜂产品知识，并销售产品。既卖产品，又卖技术，还传播理念。

三、媒体与宣传

（一）广告的类型与作用

广告是一门带有浓郁商业性质的综合艺术，以广大消费者为广告对象，通过报纸、杂志、电视、广播、网络、壁画、橱窗、商业信函、霓虹灯、车船等，将信息传达给大众，以此来提高产品的知名度，增加销售的目的。广告必须真实和具有良好的社会形象，还要有针对性和艺术性。

（二）研究产品消费对象

分析消费者的习惯，生产适销对路的产品，如日本人喜欢色浅味淡的刺槐蜂蜜，我国台湾省人偏爱龙眼蜂蜜，我国北方群众对枣花蜂蜜情有独钟。多数国人相信中蜂蜜优于意蜂蜜，愿意出高价购买优质的中蜂蜜。因此，长期生产优质的、形式多样的中蜂蜜（图 13-10 和图 13-11），是赢得顾客、获得效益的重要工作。

图 13-10　礼盒巢蜜　　　　　　图 13-11　奇妙的中蜂蜜

（三）做好消费者的参谋

消费者需要健康、美食，他们希望获得优质的中蜂蜜。我们的任务之一就是向消费者宣讲有关蜂蜜的所有健康、美食、质量和选购方法，满足他们的诉求。

参考文献

高寿增，2003. 中蜂中毒的诊断及防治 [J]. 特种经济动植物（6）：46.

龚凫羌，宁守荣，2006. 中蜂饲养原理与方法 [M]. 成都：四川科学技术出版社.

国家畜禽遗传资源委员会，2011. 中国畜禽遗传资源志 中蜂志 [M]. 北京：中国农业出版社.

黄林才，2002. 中蜂活框饲养技术（一）[J]. 中蜂杂志（1）：15-16.

黄林才，2002. 中蜂活框饲养技术（二）[J]. 中蜂杂志（2）：11.

黄庆，2002. 可引起中蜂中毒的植物 [J]. 四川畜牧兽医，29（10）：48.

匡邦郁，2001. 科学养蜂问答（四）怎样移动蜂群 [J]. 云南农业（4）：19.

匡邦郁，2001. 科学养蜂问答（五）怎样饲喂蜂群 [J]. 云南农业（5）：19.

匡邦郁，2002. 科学养蜂问答（十九）怎样管理越冬蜂群 [J]. 云南农业（7）：18.

匡邦郁，匡海鸥，1999. 实用高产养蜂新技术 [M]. 昆明：云南科技出版社.

黎明林，2001. 怎样检查蜂群 [J]. 中蜂杂志（4）：10.

李飞雄，2016. 中蜂活框饲养的过箱技术 [J]. 乡村科技（9）：12.

王瑞生，任勤，2017. 图说高效养中蜂关键技术 [M]. 北京：机械工业出版社.

王星，2007. 中蜂农药中毒的诊断和防治 [J]. 中蜂杂志（8）：32-33.

王星，2018，养蜂那些事儿 [M]. 北京：中国农业科学技术出版社 .

夏启昌，2012. 中蜂新法饲养经验 [J]. 中国蜂业（9）：41.

徐祖荫，2015. 中蜂饲养实战宝典 [M]. 北京：中国农业出版社 .

杨冠煌，2005. 引入西方中蜂对中蜂的危害及生态影响 [J]. 昆虫学报，48（3）：401–406.

杨冠煌，2009. 中华中蜂在我国森林生态系统中的作用 [J]. 中国蜂业（4）：5–7.

杨冠煌，2013. 中华中蜂的保护和利用 [M]. 北京：科学技术文献出版社 .

战书明，李树珩，2003. 怎样检查蜂群 [J]. 养蜂科技（6）：12–13.

张中印，2009. 中国养蜂学会——河南陕县残联养蜂助残好典范 [J]. 中国蜂业（7）：20.

张中印，2014. 高效养蜂 [M]. 北京：机械工业出版社 .

张中印，李让民，国占宝，等，2008. 陕县店子乡中蜂资源及生态养蜂展望 [J]. 中蜂杂志（6）：20–22.

张中印，刘荷芬，张金芳，等，2007. 河南省济源市中药材蜜源植物调查 [J]. 中蜂杂志（11）：40–42.

张中印，刘振声，侯宝敏，等，2009. 河南省蜜源资源概况 [J]. 中蜂杂志（4）：39–40.

张中印，吴黎明，赵学昭，等，2013. 中蜂饲养手册 [M]. 郑州：河南科学技术出版社 .

中国农业百科全书编辑部，1993. 中国农业百科全书 养蜂卷 [M]. 北京：中国农业出版社 .

周冰峰，2002. 中蜂饲养管理学 [M]. 厦门：厦门大学出版社 .